Die Pflanzenwelt der Gewässer von Prof. Dr. W. Migula. Mit 50 Abbildungen. Nr. 158.

Exkursionsflora von Deutschland zum Bestimmen der häufigeren in Deutschland wildwachsenden Pflanzen. 2 Bändchen. Mit 100 Abbildungen. Nr. 268, 269.

Die Pilze. Eine Einführung in die Kenntnis ihrer Formenreihen von Prof. Dr. G. Lindau in Berlin. Mit 10 Figurengruppen im Text. Nr. 574.

Spalt- und Schleimpilze. Eine Einführung in ihre Kenntnis von Prof. Dr. Gustav Lindau, Kustos am Kgl. Botanischen Museum und Privatdozent der Botanik an der Universität Berlin. Mit 11 Abbildungen. Nr. 642.

Die Flechten. Eine Übersicht unserer Kenntnisse v. Prof. Dr. G. Lindau, Kustos am Kgl. Botan. Museum in Berlin. Mit 55 Figuren. Nr. 683.

Die Nadelhölzer von Prof. Dr. F. W. Neger in Tharandt. Mit 85 Abbildungen, 5 Tabellen und 3 Karten. Nr. 355.

Nutzpflanzen von Prof. Dr. J. Behrens. Mit 53 Abbildungen. Nr. 123.

Das System der Blütenpflanzen mit Ausschluß der Gymnospermen von Dr. R. Pilger. Mit 31 Figuren. Nr. 393.

Die Pflanzenkrankheiten von Dr. Werner Friedrich Bruck in Gießen. Mit 45 Abbildungen und 1 farbigen Tafel. Nr. 310.

Mineralogie von Prof. Dr. R. Brauns. Mit 132 Abbild. Nr. 29.

Geologie von Prof. Dr. E. Fraas. Mit 16 Abbildungen und 4 Taf. Nr. 13.

Paläontologie von Prof. Dr. R. Hoernes. Mit 87 Abbild. Nr. 95.

Petrographie von Prof. Dr. W. Bruhns. Mit vielen Abbild. Nr. 173.

Kristallographie von Prof. Dr. W. Bruhns. Mit 190 Abbild. Nr. 210.

Einführung in die Kristalloptik von Dr. Eberh. Buchwald in München. Mit 124 Abbildungen. Nr. 619.

Geschichte der Physik von Prof. A. Kistner. Mit 16 Fig. 2 Bde. Nr. 293, 294.

Theoretische Physik von Prof. Dr. G. Jäger. Mit Abbildungen. 4 Teile. Nr. 76—78, und 374.

Experimentalphysik von Robert Lang, Professor am Kgl. Realgymnasium in Stuttgart. I: Mechanik der festen, flüssigen und gasigen Körper. Mit 12 Figuren im Text. Nr. 611.

Radioaktivität von Wilh. Frommel. Mit 21 Figuren. Nr. 317.

Physikalische Messungsmethoden von Oberlehrer Dr. Wilh. Bahrdt. Mit 49 Figuren. Nr. 301.

Physikalische Aufgabensammlung von G. Mahler, Professor am Gymnasium in Ulm. Mit den Resultaten. Nr. 243.

Physikalische Formelsammlung von G. Mahler, Professor am Gymnasium in Ulm. Nr. 136.

Physikalische Tabellen von Dr. A. Leick. Nr. 650.

Luftelektrizität von Dr. Karl Kähler. Mit 18 Abbildungen. Nr. 649.

Physikalisch-Chemische Rechenaufgaben von Professor Dr. R. Abegg und Privatdozent Dr. O. Sackur, beide an der Universität Breslau. Nr. 445.

Vektoranalysis von Dr. Siegfr. Valentiner, Professor an der Bergakademie in Clausthal. Mit 16 Figuren. Nr. 354.

Allgemeine und physikalische Chemie von Dr. Max Rudolphi. Mit 22 Abbildungen. Nr. 71.

Elektrochemie von Dr. Heinr. Danneel. I: Theoretische Elektrochemie und ihre physikalisch-chemischen Grundlagen. Mit 18 Figuren. Nr. 252.

— — **II:** Experimentelle Elektrochemie, Meßmethoden, Leitfähigkeit, Lösungen. Mit 26 Figuren. Nr. 253.

Wenden!

Stereochemie von Prof. Dr. E. Wedekind. Mit 34 Fig. Nr. 201.

Geschichte der Chemie von Dr. Hugo Bauer. I: Von den ältesten Zeiten bis zur Verbrennungstheorie, von Lavoisier. Nr. 264.

— — II: Von Lavoisier bis zur Gegenwart. Nr. 265.

Anorganische Chemie von Dr. J. Klein. Nr. 37.

Organische Chemie von Dr. J. Klein. Nr. 38.

Chemie der Kohlenstoffverbindungen von Dr. H. Bauer. 4 Teile. Nr. 191—194.

Agrikulturchemie. I: Pflanzenernährung von Dr. Karl Grauer. Nr. 329.

Das agrikulturchemische Kontrollwesen von Dr. Paul Krische. Nr. 304.

Agrikulturchemische Untersuchungsmethoden von Prof. Dr. E. Haselhoff. Nr. 470.

Physiologische Chemie v. Dr. med. A. Legahn. 2 Teile. Nr. 240, 241.

Pharmazeutische Chemie von Privatdozent Dr. E. Mannheim in Bonn. 4 Bändchen. Nr. 543—544, 588 und 682.

Toxikologische Chemie von Privatdoz. Dr. E. Mannheim in Bonn. Mit 6 Abbildungen. Nr. 465.

Neuere Arzneimittel, ihre Zusammensetzung, Wirkung und Anwendung von Dr. med. C. Bachem, Professor der Pharmakologie an der Universität Bonn. Nr. 669.

Analytische Chemie v. Dr. Johs. Hoppe. 1. u. 2. Teil. Nr. 247, 248.

Maßanalyse von Dr. O. Röhm. Mit 14 Figuren. Nr. 221.

Technisch-Chemische Analyse von Prof. Dr. G. Lunge. Mit 16 Abbildungen. Nr. 195.

Stöchiometrische Aufgabensammlung von Dr. Wilh. Bahrdt, Oberlehrer a. d. Oberrealschule in Berlin-Lichterfelde. Mit den Resultaten. Nr. 452.

Meteorologie von Dr. W. Trabert. Mit 49 Abbildungen und 7 Tafeln. Nr. 54.

Erdmagnetismus, Erdstrom und Polarlicht von Dr. A. Nippoldt. Mit 16 Abbildungen und 7 Tafeln. Nr. 175.

Astronomie von A. F. Möbius, neubearbeitet von Prof. Dr. Herm. Kobold. I: Das Planetensystem. Mit 33 Abbildungen. Nr. 11.

— — II: Kometen, Meteore und das Sternsystem. Mit 15 Figuren und 2 Sternkarten. Nr. 529.

Astrophysik von Prof. Dr. W. F. Wislicenus, neubearbeitet von Dr. H. Ludendorff. Mit 15 Abbildungen. Nr. 91.

Astronomische Geographie von Prof. Dr. S. Günther. Mit 52 Abbildungen. Nr. 92.

Physische Geographie von Prof. Dr. S. Günther. Mit 32 Abbildungen. Nr. 26.

Physische Meereskunde von Prof. Dr. Gerhard Schott. Mit 39 Abbildungen und 8 Tafeln. Nr. 112.

Klimakunde. I: Allgemeine Klimalehre von Prof. Dr. W. Köppen. Mit 2 Abbildungen und 7 Tafeln. Nr. 114.

Paläoklimatologie von Dr. Wilh. R. Eckardt. Nr. 482.

Klima und Leben (Bioklimatologie) von Dr. Wilh. R. Eckardt. Nr. 629.

Luft- und Meeresströmungen von Dr. Franz Schulze, Direktor der Navigationsschule zu Lübeck. Mit 27 Abbildungen und Tafeln. Nr. 551.

Nautik. Kurzer Abriß des täglich an Bord von Handelsschiffen angewandten Teils der Schiffahrtskunde von Dr. Franz Schulze, Direktor der Navigationsschule zu Lübeck. Mit 56 Abbildungen. Nr. 84.

Weitere Bände sind in Vorbereitung.

Sammlung Göschen

Die Werkzeugmaschinen für Metallbearbeitung

Von

Prof. Hermann Wilda
Ingenieur
Inhaber d. Medaille d. Vereins zur Beförderung d. Gewerbfleißes in Preußen

I

Die Mechanismen der Werkzeugmaschinen
Die Drehbänke — Die Fräsmaschinen

Mit 319 Abbildungen

Neudruck

Berlin und Leipzig
G. J. Göschen'sche Verlagshandlung G. m. b. H.
1914

Druck
der Spamerschen
Buchdruckerei in Leipzig

Inhaltsverzeichnis.

Erster Abschnitt.

Die Mechanismen der Werkzeugmaschinen.

Zweiter Abschnitt.

Werkzeugmaschinen mit drehender Hauptbewegung.

A. Drehbänke.

Literatur.

1. Fischer, Die Werkzeugmaschinen.
2. Kick, Vorlesungen über mechanische Technologie.
3. Ledebur, Mechanisch-Metallurgische Technologie.
4. v. Hoyer, Die Verarbeitung der Metalle und des Holzes.
5. Weiß, Die Werkzeuge zur Berbeitung der Metalle.
6. Pechan, Leitfaden des Maschinenbaues.
7. Hülle, Die Werkzeugmaschinen.
8. Ruppert, Aufgaben und Fortschritte des deutschen Werkzeugmaschinenbaues.
9. v. Knabbe, Fräser und deren Rolle bei dem derzeitigen Stande des Maschinenbaues.
10. Th. Pregél, Fräser und Schleifmaschinen.
11. Jurke-Mietschke, Handbuch der Fräserei.
12. Uhland, Handbuch für den praktischen Maschinenkonstrukteur.
13. Fischer, Die Werkzeugmaschinen auf der Weltausstellung zu Paris.
14. Schlesinger, Die Werkzeugmaschinen auf der Weltausstellung zu Lüttich.
15. M. G. Richard, Les Machines Outils à l'Exposition de 1900.
16. M. G. Richard, Traité des Machines Outils.
17. „Hütte", des Ingenieurs Taschenbuch.
18. Zeitschrift des Vereins deutscher Ingenieure 1902, 1904, 1906—1912.
19. Zeitschrift für Werkzeugmaschinen und Werkzeuge.
20. Meyer, Technologie des Maschinentechnikers.
21. Schulze, Grundlagen für das Veranschlagen der Löhne bei der Bearbeitung der Maschinenteile.
22. Lindner, Werkzeugmaschinen (Skizzen).
23. Die Werkstattstechnik, herausgegeben von Dr.-Ing. Schlesinger.
24. Mechanical World, Jahrgang 1902, 1905, 1907—1911.
25. Katalog von Otto Froriep, Rheydt.
26. Katalog von J. E. Reinecker, Chemnitz.
27. Verschiedene Kataloge von Werkzeugmaschinenfabriken.
28. Güldner, Kalender für Betriebsleitung.

Erster Abschnitt.

Die Mechanismen der Werkzeugmaschinen.

A. Einleitung.

1. Die Werkzeugmaschinen für Metallbearbeitung haben meist den **Zweck,** dem zu bearbeitenden Werkstück die endgültigen Abmessungen zu geben, indem sie von der ihm durch Gießen oder Schmieden erteilten Gestalt, das Material in Form von Spänen so lange fortnehmen, bis die endgültige Form erreicht ist. Außer diesen auf Grund der Teilbarkeit der Metalle arbeitenden Werkzeugmaschinen werden aber auch andere verwendet, die dem Erzeugnis die gewünschte Form durch Dehnung oder Abtrennung größerer Teile geben, wie z. B. Biegemaschinen, Loch- und Sägemaschinen.

2. Die **Abtrennung** des **Spans** erfolgt durch das Werkzeug, meist ein mit Schneidkanten versehener Stahl, dessen Befestigung und Führung in besonderen Teilen der Werkzeugmaschinen erfolgen muß (vgl. Sammlung Göschen Nr. 341, Mechanische Technologie). Ebenso bedarf das zu bearbeitende Werkstück einer Auflagerung und Befestigung auf besonderen Platten oder Tischen, die je nach der Art der Werkzeugmaschine, zu der sie gehören, verschiedene Bezeichnungen haben.

Das Werkstück muß auf seinem Befestigungstisch, dem Zweck der Bearbeitung entsprechend, in verschiedener

Weise geführt werden können, so daß der Angriff des Werkzeugs in möglichst zweckmäßiger Weise erfolgen kann. Infolge davon müssen Werkzeug und Werkstück gegenseitige Bewegungen ausführen, die einesteils die arbeitleistende Wirkung übertragen, die Arbeits- oder Hauptbewegung, anderenteils den Grad des Fortschritts des Werkzeugs für das Abheben einer gewissen Spanstärke ermöglichen, die Schalt- oder Vorschubbewegung. Die Arbeits- oder Hauptbewegung hängt wesentlich von der Arbeitsgeschwindigkeit ab und ist maßgebend für die in der Zeiteinheit abgetrennte Spanlänge. Die Hauptbewegung kann geradlinig oder eine Kurve sein und ist bestimmt durch die in Millimetern sekundlich gemessene Schnittgeschwindigkeit. Durch die Schaltbewegung, die immer senkrecht zur Schnittrichtung steht und ebenfalls gerad- oder krummlinig sein kann, wird Werkstück oder Werkzeug stetig oder momentan weiterbewegt. Ihre Größe wird bestimmt durch die Verschiebung von Werkzeug oder Werkstück während einer Umdrehung der Maschine oder nach einem vollendeten Arbeitsgang, d. h. einer Wegstrecke, auf der ein Schnitt vollendet ist. Die Schnittiefe ist durch den gegenseitigen Abstand der Schneidkanten des Werkzeugs von dem Werkstück gegeben.

Die Arbeits- und Vorschubbewegungen in ihrer gegenseitigen Beziehung zueinander werden durch die Einschaltung von Mechanismen erzeugt und geregelt, deren Anordnung und Wahl durch die Verteilung von Arbeits- und Vorschubbewegung auf Werkzeug oder Werkstück bedingt ist. Diese läßt sich folgendermaßen auf beide verteilen.

	Das Werkzeug hat	Das Werkstück hat
1.	Arbeitsbewegung	Schaltbewegung
2.	Schaltbewegung	Arbeitsbewegung
3.	Arbeits- und Schaltbewegung	—
4.	—	Arbeits- und Schaltbewegung

3. Hauptbedingung für die **genaue Arbeit** aller Werkzeugmaschinen sind vor allem ruhiger Gang, der eine kräftige Bauart der Maschinen erfordert, möglichst hohe Leistung, die durch hohe Schnittgeschwindigkeiten und Anwendung mehrerer gleichzeitig arbeitender oder auch mehrschneidiger Werkzeuge zu erzielen ist und möglichst vereinfachte Bedienung, die zu Maschinen geführt hat, die den Wechsel der Arbeits- und Schaltbewegungen selbsttätig ausführen.

Wesentlich erhöhte Schnittgeschwindigkeit ist erst in den letzten Jahren durch die allgemeinere Anwendung des naturharten Schnellarbeitsstahls erreicht worden. Über neuere Werkzeugstähle vergleiche Sammlung Göschen, Bd. 476: Wilda, Die Materialien des Maschinenbaues und der Elektrotechnik.

4. Die Aufstellung und Montage der Werkzeugmaschinen.

Die größeren oder geringeren Anforderungen an die Aufstellung, besonders an die Ausführung des Fundaments der Werkzeugmaschinen hängen, außer von dem Gewicht der Maschinen, von ihrer Größe und Leistungsfähigkeit ab, wobei die Gleichmäßigkeit der Arbeitsweise, das Gewicht der in Bewegung gesetzten Massen und die Auflagerfläche der Maschine in Betracht kommen.

Schwere Maschinen mit großen bewegten Massen, die zur Bearbeitung schwerer Werkstücke dienen, bedürfen einer sehr sicheren Fundamentierung, wie z. B. größere Drehbänke, Hobelmaschinen, Sägegatter usw. Sie werden auf gemauertem, Beton- oder Steinfundament mit starken Fundamentschrauben befestigt, wobei das Maschinenbett vorteilhaft mit Zement untergossen wird. Maschinen, die ohne gemauertes Fundament, z. B. in Stockwerken aufgestellt werden müssen, sind auf eisernen Trägern oder Balken quer über den Bodendielen aufzustellen, wobei die Unterlagen mit den Deckenträgern und unter sich durch Ankerschrauben gut zu verbinden sind. Kleinere Werkzeugmaschinen, wie z. B. Shapingmaschinen, kleine Hobelmaschinen, Kreis- und Bandsägen, sowie kleine Bohrmaschinen bedürfen meist keines gemauerten Fundaments und können in Stockwerken aufgestellt werden.

Alle Teile von Arbeitsmaschinen, die beim Betriebe Verletzungen herbeiführen können, müssen mit Schutzvorrichtungen versehen sein. Dazu gehören Umkleidungen der Zahnräder und Riemenscheiben von Drehbänken, Stoß- und Bohrmaschinen, Scheren, Fräsmaschinen usw., ebenso müssen Schwungräder und Kurbelgetriebe umgittert werden. Auch solche Werkzeuge, die durch ihre Bewegung und Arbeitsweise gefährlich werden können, z. B. Schmirgelscheiben, Schleifsteine, Sägen, müssen so geschützt sein, daß Unfälle bei der Bedienung, die z. B. durch Bersten sehr schnell umlaufender Teile herbeigeführt werden können, nach Möglichkeit ausgeschlossen sind.

Bei der Bestellung von Werkzeugmaschinen sollten daher alle derartigen Schutzvorrichtungen ausdrücklich mitverlangt werden.

B. Die Mechanismen der Werkzeugmaschinen.

I. Der Antrieb der Werkzeugmaschinen.

Die drehende Bewegung der Transmissionswelle oder bei Einzelantrieb der Motorwelle, durch welche die Hauptbewegung der Maschine bewirkt wird, muß durch Zwischenorgane übertragen werden. Je nach der Art der Hauptbewegung kann diese drehend oder geradlinig sein und dementsprechend können die Antriebsmechanismen eingeteilt werden.

Sowohl der motorische Antrieb als auch die Zwischenmechanismen müssen eine Umkehr der Bewegungsrichtung, eine Änderung der Größe des Antriebs und eine Ausschaltung gestatten, so daß sowohl die ganze Maschine stillgesetzt werden kann, als auch die Hauptbewegung ein- und auszurücken ist.

Die Bedingungen, welche alle Antriebsmechanismen erfüllen müssen, sind, außer der Erzeugung des Arbeitsganges mit nur einer oder verschieden großen Geschwindigkeiten, der Rücklauf mit höherer Geschwindigkeit als der Arbeitsgang. Zu diesem Zweck ist es erforderlich, daß der Arbeitsgang an einer ganz bestimmten Stelle unterbrochen werden kann und zwar möglichst rasch, daß dann die den Rücklauf erzeugenden Vorrichtungen von Hand oder selbsttätig eingerückt, werden und dieser nach Beendigung an bestimmter Stelle ausgelöst und der Arbeitsgang nach seiner Einschaltung wieder beginnen kann.

Der Antrieb der stets nach einer Richtung umlaufenden Deckenvorgelegewelle wird ausnahmslos durch Fest- oder Losscheiben gebildet, für die

Größenänderung dienen Stufenscheiben auf der Vorgelegewelle oder feste Scheiben von verschiedenem Durchmesser oder seltener Riemenkegel. Die Umkehrung des Antriebes geschieht durch wechselnde Benutzung von offenen und gekreuzten Riemen, seltener durch Gliederketten oder Schnurläufe, die sich nur für kleinere Kräfte eignen, aber dann vielfache Verwendung finden. Die Stillsetzung der ganzen Maschine erfolgt durch Aufbringen des Riemens auf die Losscheibe oder auch durch Ausrücken von Kupplungen auf der Vorgelegewelle. Haben diese sehr hohe Umdrehungszahlen, so kommen unter Umständen besondere Bremsen zur Anwendung. Das Ausrücken der ganzen Maschine geschieht durch Überführen des Antriebsriemens auf die Losscheibe durch Riemengabeln, was von Hand oder selbsttätig durch die Werkzeugmaschine erfolgen kann, wenn, wie es bei Massenfabrikation oft erforderlich, Gegenstände von genau gleicher Länge hergestellt werden müssen.

Die Ausrückvorrichtungen der Deckenvorgelege von Hand sind sehr zahlreich. In den Abb. 1 bis 4 bedeutet *f* die Fest-, *l* die Losscheiben, *g* die Riemengabeln, *s* die verrückbare Schiene, mit der die Gabeln verschoben werden, und *i* die Zugseile oder Gestänge, durch deren Umlegung die Führungsschienen selbst zu verschieben sind. Die Hebel *h* können ein- oder zweiarmig sein (Abb. 2, 3) und durch Winkelhebel *w* (Abb. 1) oder Kipphebel *k* (Abb. 4) mit *s* verbunden werden. Mit *o* sind die festen Hebeldrehpunkte bezeichnet. Eine selbsttätige Ausrückung zeigt Abb. 5. Wird der Riemen durch Handhebel *i* auf die Festscheibe *f* gebracht, so wird gleichzeitig die Feder *e* gespannt und die Schiene *s* durch den Riegel *r* in ihrer Lage gehalten, der an einem

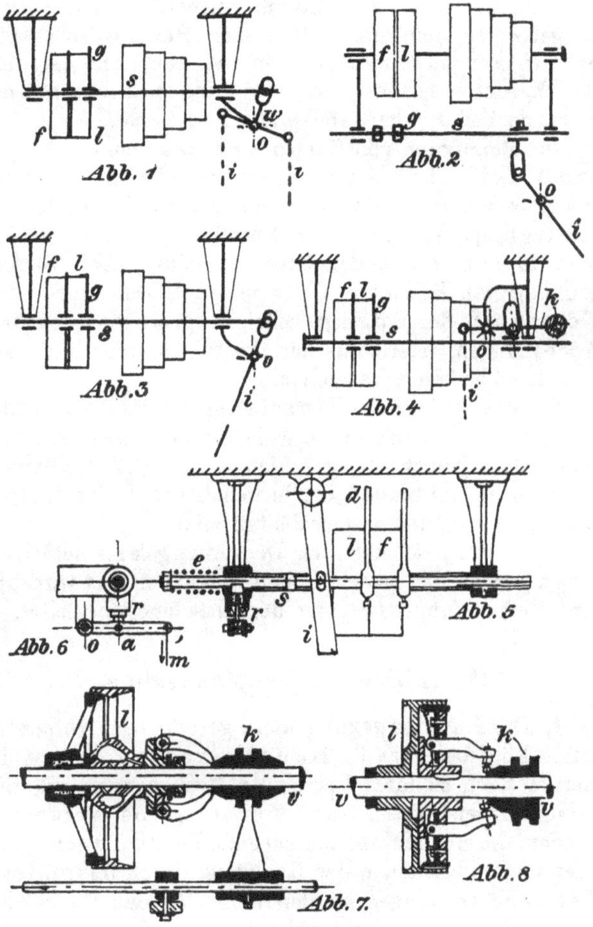
Abb. 1
Abb. 2
Abb. 3
Abb. 4
Abb. 5
Abb. 6
Abb. 7.
Abb. 8

einarmigen Hebel *a*, Abb. 6, angeordnet ist. Wird Riegel *r* mit dem um 0 drehbaren Hebel *a* durch die Schnur *m* nach unten gezogen, was ein Anschlag an der Maschine bewirkt, so bringt die sich zusammenziehende Feder *e* die Gabel *g* auf die Losscheibe.

Die Benutzung von Kupplungen zeigen die Abb. 7 und 8. Bei beiden ist nur eine lose Scheibe *l* auf der Vorgelegewelle *v* vorhanden, die entweder durch eine Kegelreibungskupplung (Abb. 7) Anordnung von Gisholt, oder durch eine Zylinderreibungskupplung (Abb. 8) Anordnung von Brown & Sharpe durch Verschieben des Konus *k* mit der Vorgelegewelle gekuppelt wird. Beiden Anordnungen, amerikanischen Ursprungs, sind aber Fest- und Losscheiben vorzuziehen.

Bei elektrischem Einzelantrieb erfolgt die Stillsetzung der Maschine durch Anhalten des Elektromotors. Soll dieser jedoch stetig laufen, so werden Reibungskupplungen verwendet, die in dem Antrieb der Hauptbewegung ein- und auszuschalten sind.

Die Antriebsscheiben des Deckenvorgeleges betätigen diejenigen an der Maschine und von ihnen aus wird die eigentliche Hauptbewegung der Maschine abgeleitet.

II. Antrieb der Hauptbewegung.

1. Die **Hauptbewegung** kann **gerade** oder **rotierend** sein. Für die gerade Hauptbewegung kommt in Betracht, ob zu ihrer Erzeugung Mechanismen, wie die verschiedenen Arten der Kurbeltriebe verwendet werden, die eine hin und her gehende Bewegung erzeugen, oder solche, bei denen der Rückgang durch besondere Getriebe erzwungen werden muß. Zu den Getrieben, die eine gerade, aber nicht hin und her gehende

Bewegung erzeugen, gehören Schraubenspindel und Mutter, Zahnstange und Triebling sowie Zahnstange und Schnecke.

2. Die für die **gerade hin und her gehende Hauptbewegung** dienenden Kurbelmechanismen sind für größere Hübe unzweckmäßig.

Der **gewöhnliche Kurbelbetrieb** (vgl. S. G. Nr. 3) besitzt eine zu große Ungleichförmigkeit und kommt daher selten in Betracht. Dazu kommt, daß seine Hübe nach beiden Richtungen dieselbe Geschwindigkeit besitzen, während einer der Hübe der Werkzeugmaschinen, der Rückgang, bei welchem Nutzarbeit nicht geleistet wird, sich mit erhöhter Geschwindigkeit vollziehen soll.

α) Eine Verbesserung der Gleichförmigkeit läßt sich erreichen, wenn dem einfachen Kurbelgetriebe, wie in Abb. 9, ein *elliptisches* und *exzentrisches Rad E* und *R* hinzugefügt werden, wodurch in der Hubmitte eine Verzögerung, am Hubende eine Beschleunigung auftritt, die Ruhe des Ganges aber leidet.

Nach den Bezeichnungen der Abb. 9 gelten die Gleichungen:

$$u = 2\,u_1 = 4{,}3551\sqrt{a^2 + b^2}\,,$$

$$u_1 = 2\,\pi r\,, \quad 2e = a - b\,,$$

$$A = a + r = b + e + r\,.$$

Für eine Umdrehung der Arbeitsspindel und n Umdrehungen des elliptischen Rades in derselben Zeit ist die Weggröße:

$$S = 2\,h\,n\,,$$

und wenn das elliptische Rad n_1 minutliche Umdrehungen macht, ist die Geschwindigkeit $c = \frac{1}{30}\,h\,n_1$.

Beschleunigten Rückgang besitzen die schwingende Kurbelschleife und die umlaufende Kurbelschleife, sowie der Kurbelmechanismus mit elliptischen Rädern.

β) Bei der *schwingenden Kurbelschleife* (Abb. 10) liegt der Drehpunkt o der Schleife s außerhalb des Kurbelkreises, der vom Kurbelzapfen z mit gleichförmiger Geschwindigkeit durchlaufen wird. Die Lenkstange kann an irgendeinem Punkt der Schleife angreifen. Da nach Abb. 10: $\sin\alpha = \frac{h}{2l}$ und die zum Durchlaufen der Bögen für Arbeitsgang und Leerlauf erforderlichen Zeiten t_a und t_l bei n minutlichen Umdrehungen des Kurbelzapfens $t_a = \frac{180 + 2\alpha}{6n}$ und $t_l = \frac{180 - 2\alpha}{6n}$ betragen, so folgt für die entsprechenden Geschwindigkeiten:

$$c_a : c_l = 2\alpha : 180 + 2\alpha .$$

Die schwingende Kurbelschleife findet Anwendung bei Feil-, Hobel- und Stoßmaschinen, eine Ausführung zeigen die Abb. 11, 12.

γ) Die *umlaufende Kurbelschleife* oder *Umlaufschleife* (Abb. 13) hat ihren Drehpunkt innerhalb des Kurbelkreises.

Bei n minutlichen Umdrehungen des Kurbelzapfens ist dessen Umfangsgeschwindigkeit:

$$u = \frac{\pi r n}{30},$$

und da ferner:

$$\cos\alpha = \frac{e}{r},$$

so verhalten sich die Zeiten t_a und t_l für Arbeitsgang und Rücklauf:

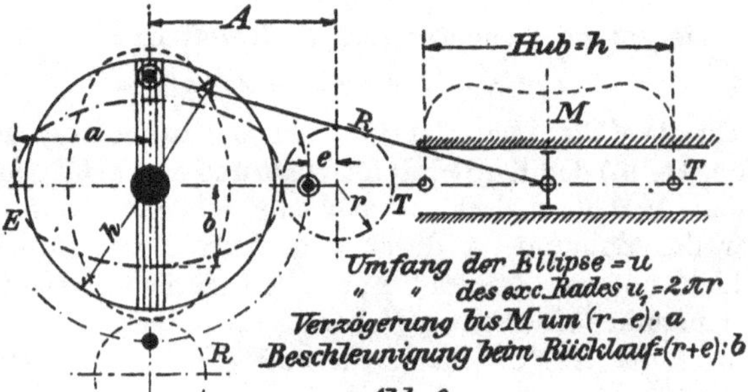

Abb. 9

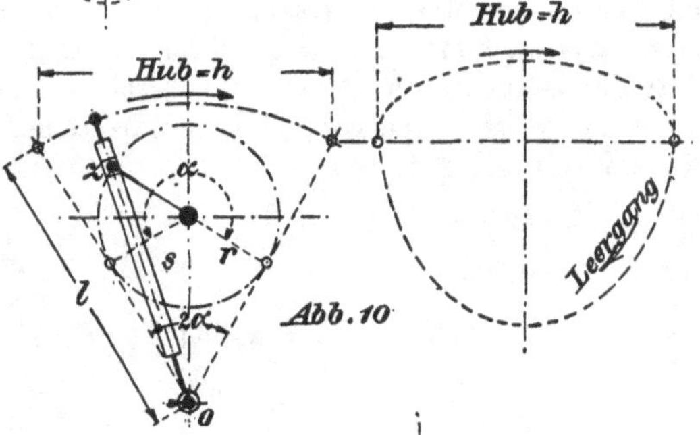

Abb. 10

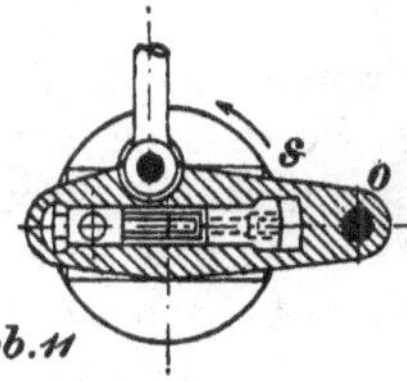

Abb. 11

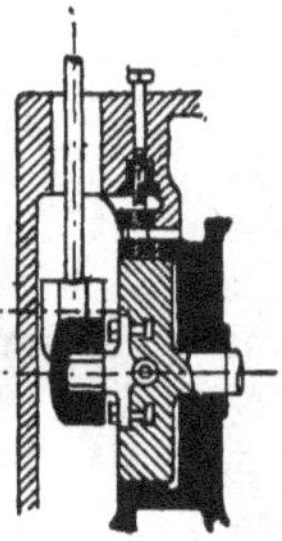

Abb. 12

$$t_a : t_l = 360 - 2\alpha : 2\alpha$$

und die entsprechenden Geschwindigkeiten:

$$c_a : c_l = 2\alpha : 360 - 2\alpha\,.$$

Die Ausführung erfolgt entweder so, daß ein Zahnrad z (Abb. 14, 15) den Kurbelzapfen trägt und eine als Kurbelschleife und Kurbelscheibe dienende Scheibe mitnimmt, oder das Zahnrad ist durch eine Kurbel ersetzt, oder endlich können Zahnrad und Kurbelschleife getrennt voneinander auf derselben Welle angeordnet sein (Abb. 16).

δ) Beim *Kurbelmechanismus mit elliptischen Rädern* (Abb. 17) ist das getriebene Rad z_1 fest mit der Kurbelscheibe verbunden und trägt selbst einen Kurbelzapfen, während das treibende Rad z gleichförmig umläuft.

Für die Zeiten t_a und t_l und die Geschwindigkeiten c_a und c_l des Arbeits- und Leerganges gilt bei dem Durchlaufen der Winkel 2α und $360 - 2\alpha$ die Beziehung:

$$t_l : t_a = 360 - 2\alpha : 2\alpha = c_a : c_l\,.$$

Unter Berücksichtigung, daß: $a^2 - b^2 = (0{,}5\,d)^2$ und: $e = \frac{b^2}{a}$, folgt die Größe von $\sphericalangle\alpha$ aus:

$$\operatorname{tg}\alpha = \frac{b}{2a\sqrt{\left(\frac{a}{b}\right)^2 - 1}}\,.$$

Die elliptischen Räder werden wegen der Schwierigkeit genauer maschineller Herstellung der Zähne oft durch exzentrisch gelagerte Stirnräder ersetzt.

Während sich Kurbelmechanismen nur für kleinere Hübe eignen, sind die übrigen Antriebsmechanismen für die gerade Hauptbewegung für kleinere und größere Hübe brauchbar.

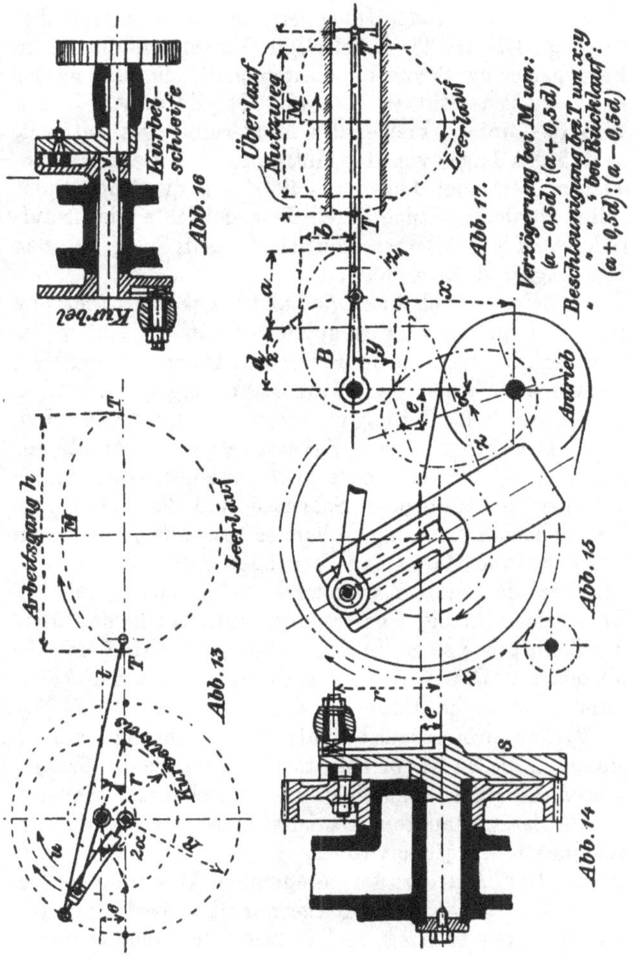

Abb. 13

Abb. 14

Abb. 15

Abb. 16

Abb. 17.

ε) *Schraube und Mutter* ergeben eine ruhige Bewegung. Die am Tisch befestigte Mutter umfaßt die im Bett gelagerte Schraube (Leitspindel), die bei großer Länge zu unterstützen ist (Abb. 18). Zu diesem Zweck wird das untere Viertel des Mutterumfanges entfernt, so daß das Lager von der Mutter passiert werden kann, oder man wendet Lager an, die durch die Mutter umgelegt werden und sich durch Gegengewichte wieder aufrichten. Die Schrauben sind meist mehrgängig, um den Wirkungsgrad zu erhöhen.

ζ) Beim Antrieb durch *Rad und Zahnstange* ist letztere am Tisch gelagert. Für guten Eingriff ist ein großes Rad erforderlich. Um ruhigeren Gang zu erzielen, werden auch zwei parallele Zahnstangen verwendet, die um eine halbe Teilung gegeneinander verschoben sind.

η) Der Eingriff von *Zahnstange und Schnecke* ermöglicht die Anwendung schnell laufender Riemen, da zwischen der treibenden Schnecke und der Zahnstange eine hohe Übersetzung vorhanden ist. Die Achsen von Schnecke und Zahnstange schließen einen Winkel ein, der gleich dem Steigungswinkel der Schnecke ist (Abb. 19). Günstiger wird die Übertragung, wenn auch die Zähne der Zahnstange so gegen ihre Achse geneigt sind, daß die Mittelkraft R aus dem Zahndruck Z und der Zahnreibung W in die Achse der Zahnstange fällt (Abb. 20).

ϑ) Eine Verbesserung bedeutet die Ausführung der Zahnstange als die Hälfte einer Mutter (Abb. 21), die sog. *Schraubenzahnstange*, auch hier liegt die Schneckenachse geneigt.

Die letztgenannten Antriebe eignen sich für Werkzeugmaschinen jeder Größe.

3. Der Antrieb der drehenden Hauptbewegung.

a) Da die Deckenvorgelege nur eine bestimmte Geschwindigkeit besitzen, so läßt sich ihre Drehung nur in

Abb. 20

Abb. 19

Abb. 18

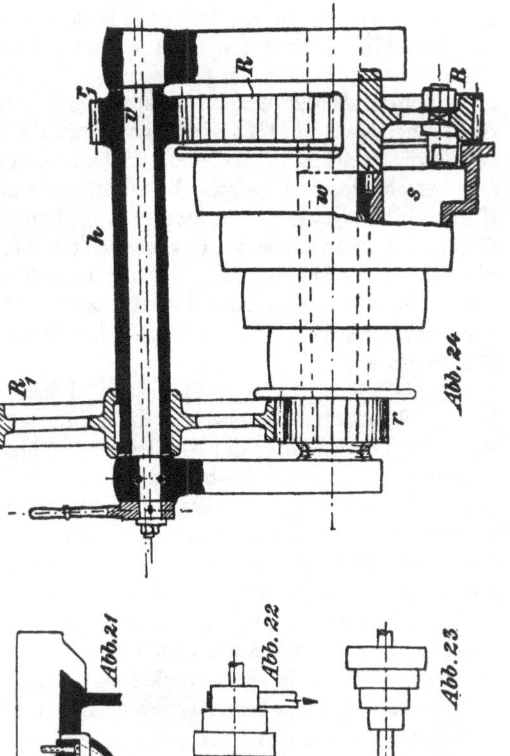

Abb. 24

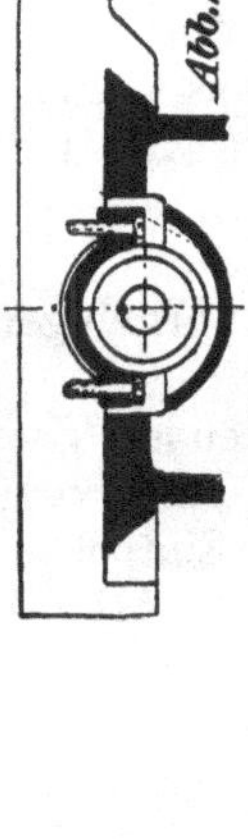

Abb. 21

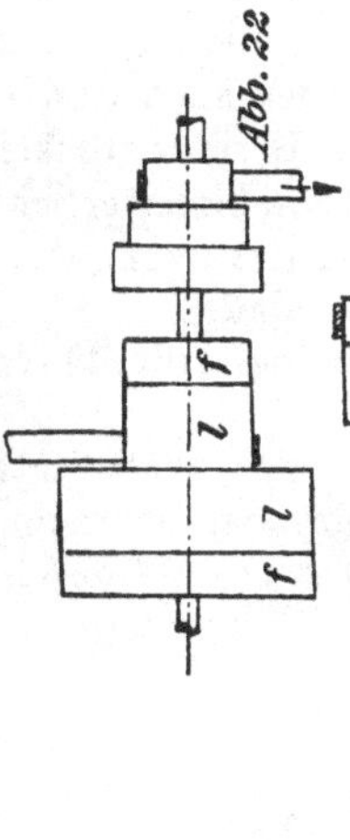

Abb. 22

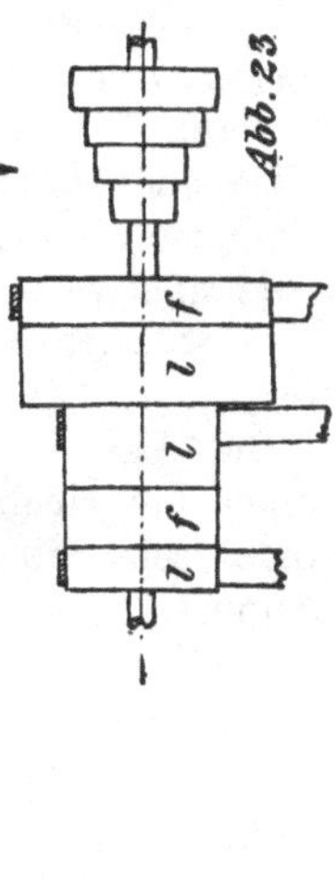

Abb. 23

den seltensten Fällen direkt auf eine Antriebsscheibe an der Maschine übertragen, und es werden Vorgelege nötig. Soll die Arbeitsgeschwindigkeit, den zu bearbeitenden Werkstücken entsprechend, verschiedene Größe besitzen, so läßt sich das durch die Anordnung von **Stufenscheiben** erreichen. Sobald aber die Anzahl der verschiedenen Geschwindigkeiten über eine gewisse Grenze hinausgeht, würde man eine größere Anzahl von Stufen benutzen müssen. In den meisten Fällen werden die Stufenscheiben daher mit Rädervorgelege versehen, deren Benutzung eine Anzahl verminderter Umdrehungen gestattet. Das Wechseln der Riemen für die verschiedenen Stufen ist stets umständlich

b) Man hat die Stufenscheiben daher durch sog. **Stufenrädergetriebe** ersetzt, die eine stetigere und leichtere Veränderung der Umdrehungszahlen erlauben. Man kann die Anzahl der Stufen verdoppeln, indem man das Deckenvorgelege mit zwei Paar Fest- und Losscheiben verschiedener Größe antreibt (Abb. 22). Verschiedene Geschwindigkeiten und schneller Rücklauf läßt sich durch Anordnungen wie in Abb. 23 erreichen.

In selteneren Fällen geschieht der Antrieb durch Riemenkegel oder auch durch Keilriemen, die beide eine allmähliche Geschwindigkeitsänderung gestatten.

Daneben wird kombinierter Schnecken- und Schraubenradantrieb für die Erzeugung des Arbeitsganges und des Rücklaufes verwendet.

c) Stufenscheiben mit Rädervorgelegen (Spindelstöcke).

Die lose auf der Welle sitzenden Stufenscheiben können mit einem oder mehreren Rädervorgelegen verbunden sein, mit denen sie durch Einrückvorrichtungen gekuppelt werden. Letztere sind Mitnehmer oder

Kupplungen, von denen Klauen- und Stiftkupplungen, Kegel- und Zylinderreibungskupplungen in Gebrauch sind.

α) Die allgemeine Anordnung eines *Spindelstocks mit einem Vorgelege* zeigt Abb. 24. Die die drehende Arbeitsbewegung ausführende Welle w trägt ein aufgekeiltes Zahnrad R und die Stufenscheibe s sitzt fest auf der verlängerten Nabe des losen Zahnrades r. In die Zahnräder R und r greifen die Rädor R_1 und r_1 des ausrückbaren Vorgeleges ein. Soll ohne Vorgelege gearbeitet werden, so sind die Stufenscheiben und Rad r zu kuppeln, wobei das Vorgelege ausgerückt sein muß, und es wird die Welle w dann direkt von der Stufenscheibe angetrieben. Will man eine kleinere Umdrehungszahl erhalten als die größte Stufenscheibe zuläßt, so sind Stufenscheibe s und Rad r zu entkuppeln und das Vorgelege durch Eingriff von Rad R_1 in r zu kuppeln. Ersteres ist auf einer Hülse h der Vorgelegewelle v verkeilt und mit h ist Rad r_1 fest verbunden, so daß eine Übersetzung:

$$\varphi = r\, r_1 : R\, R_1$$

vorhanden ist, also sich statt der vier Geschwindigkeiten der Stufenscheibe im ganzen 8 ermöglichen lassen.

β) Ein *Spindelstock mit doppeltem Vorgelege* ist in Abb. 25, 26, 27 dargestellt. Wird mit einer Vorgelegewelle gearbeitet, so hat man die Übersetzung:

$$\varphi_1 = r\, r_1 : R\, R_2 \,.$$

Bei Benutzung beider Vorgelege ist:

$$\varphi_2 = r\, r_1\, r_2 : R\, R_1\, R_2 \,.$$

Es sind hier also 12 Geschwindigkeiten möglich. Ohne Vorgelege, also mit den Stufenscheiben allein werden die kleinsten Gegenstände bearbeitet.

d) Ein- und Ausrückung der Vorgelege. Für die Bedienung der Vorgelege müssen, wie erwähnt, Einrichtungen vorhanden sein, durch die sich das auf der Welle aufgekeilte Rad *R* mit dem Spindelstock kuppeln läßt und solche, die eine Ein- und Ausrückung der Vorgelegewellen gestatten.

α) Ältere Ausführungen benutzen zur Kupplung eine in eine Nut der Stufenscheibe eingreifende *Mitnehmerschraube*, die nach Lösung der Mutter nach der Achsenmitte hin verschoben wird.

β) Eine schnellere Aus- und Einrückung gestattet der *Federbolzen* (Abb. 28), der selbsttätig beim Vorbeidrehen der Stufenscheibe einschnappt und beim Entkuppeln durch einen kleinen Stift verriegelt ist, der sich durch Herausziehen und Drehen des Bolzens vor das Rad legt.

γ) Das Ausrücken der Vorgelegewellen durch ihre Verschiebung findet sich nur noch seltener, oft dagegen die Ausrückung durch einen *exzentrischen Zapfen* an der Vorgelegewelle (Abb. 29), oder die exzentrische Lagerung der Vorgelegewelle in einer Hülse (Abb. 25, 26, 27). Zur Benutzung dieser Einrichtungen aber muß der Arbeiter seinen Standort an der Maschine verlassen, und es werden mehrere Handgriffe nötig; außerdem ist eine Verriegelung des die Ein- und Ausrückung bewirkenden Handhebels *h* erforderlich.

δ) Zur Beseitigung dieser Unbequemlichkeiten besitzen neuere Spindelstöcke Einrichtungen, die das *Kuppeln* der Stufenscheibe und das Bedienen der Vorgelege durch nur einen Handgriff gestatten.

1. Eine derartige Einrichtung mit Klauenkupplung, die mit der Stufenscheibe *s* oder dem Zahnrad *r* während des Ganges verbunden werden kann, ist aus

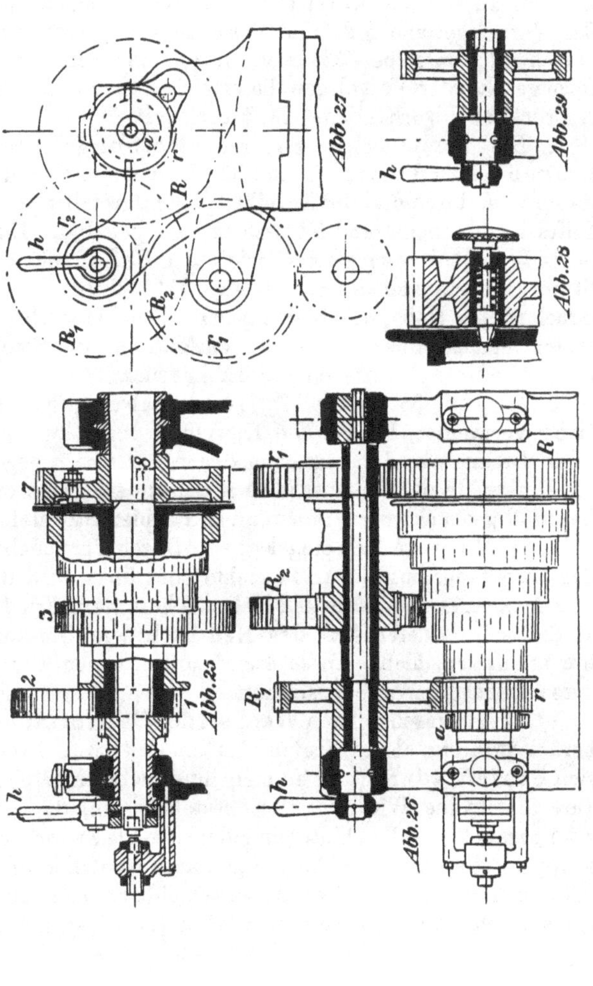

Abb. 25 Abb. 26 Abb. 27 Abb. 28 Abb. 29

Abb. 30 zu ersehen, wobei der Ausrückhebel einen Stift der Vorgelegewelle faßt und diese zwecks Ausrückung verschiebt; dasselbe läßt sich durch eine schraubenförmige Nut der Vorgelegewelle erreichen, in die ein am Ausrückhebel vorhandener Stift eingreift.

2. Die Anwendung von Kegelreibungskupplungen zeigen die Abb. 31 und 32. In Abb. 31 wird das Zahnrad *R* durch drei die Kegelkupplung durchdringende Stifte *s* und einen Bund *b* in seiner Lage gehalten. Eine besondere Sicherung nach erfolgtem Einkuppeln der Stufenscheiben oder des Rades zeigt Abb. 32, bei der ein sichelarmiger Hebel *h*, der sich gegen einen festen Ring *r* stützt vermittels der verschiebbaren Muffe *m*, die Kupplung k_1 oder k_2 rechts oder links andrückt.

3. In Abb. 33 ist eine Zylinderreibungskupplung verwendet, bei der die Kupplung durch zwei geteilte Bremsringe *d* erfolgt, von denen der eine *a* gegen die Innenseite der Stufenscheibe *s*, der andere gegen das Zahnrad gedrückt wird, indem an den beiden Stoßstellen jedes der Ringe ein Keil eingelegt ist. Durch Verschieben der Kupplungsmuffe *m* nach rechts oder links wird der eine Arm eines sichelförmigen Hebels *h* heruntergedrückt, so daß sein anderer Arm den Keil nach dem Umfange hin radial verschiebt. Diese Anordnungen lassen sich in verschiedenster Weise ausführen.

e) Um einen schnelleren **Wechsel der Umlaufzahlen** herbeizuführen, als es Stufenscheiben gestatten, haben sich Stufenrädergetriebe mehr und mehr eingeführt. Ihre allgemeine Wirkungsweise besteht darin, daß auf zwei parallelen Wellen hintereinander sitzende Zahnrädergruppen miteinander in Eingriff gebracht werden können oder ein auf der Antriebswelle verschiebbares oder auch ein schwenkbares Rad direkt oder unter Einschaltung

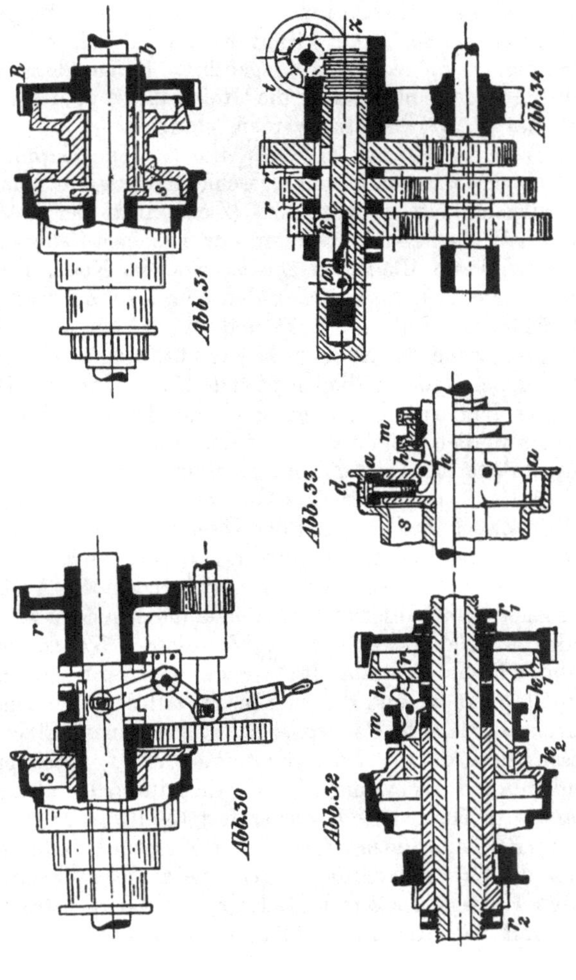

Abb. 31

Abb. 34

Abb. 33

Abb. 30

Abb. 32

von Zwischengetrieben mit den Stufenrädern in Eingriff gebracht werden kann. Hierfür sind zahlreiche Konstruktionen möglich und ausgeführt. Einige derartige Ausführungen, die auch für die Größenänderung des Vorschubes (S. 52) benutzt werden, sind:

α) *Stufenräder mit Ziehkeil* (Abb. 34). Die Kupplung des einzuschaltenden Rades geschieht durch einen in *a* schwingend aufgehängten Keil (Ziehkeil) *k*, der in der hohlen Welle liegend, in Nuten der einzelnen Zahnräder einfassen kann. Beim Verschieben wird der Keil *k* durch ungenutete Ringe *r* zwischen den einzelnen Zahnrädern in die hohle Welle gedrückt und durch eine Feder an die Innenwand des Nabenlochs gepreßt, worauf er beim Drehen des Rades in die betreffende Nut einspringt. Der direkte Zug am Keil kann auch durch einen Trieb *t* ersetzt werden, der in das als zylindrische Zahnstange *z* ausgeführte Ende der Zugstange eingreift.

β) Das *Norton-Getriebe* (Abb. 35—38) erreicht denselben Zweck durch ein auf der Welle *d* wanderndes, einschwenkbares Räderpaar r_1 und r_2. Die Größenänderung geschieht durch Wechsel des Eingriffs in die der Anzahl der geforderten Geschwindigkeiten entsprechenden Zahnräder auf der Leitspindel *c*. Zu diesem Zweck wird (Abb. 37) die federnde Hälfte *a* des Handgriffs an den Griff *b* gedrückt und das sich in der mit *b* verbundenen Tasche *t* gelagerte Räderpaar r_1, r_2 aus seinem Eingriff geschwenkt, dann auf der genuteten Welle *d* verschoben und durch Einschwenken in die Eingriffslage und Loslassen des Handgriffs *b* wieder festgestellt.

γ) Bei dem *Stufenrädergetriebe von Isler* (Abb. 39) erfolgt die Größenänderung, indem die an der verschiebbaren Hülse *h* gelagerten Räder r_1, r_2 und r_3 jedes für sich mit den Rädern *a*, *b*, *c*, *d* in Eingriff gebracht

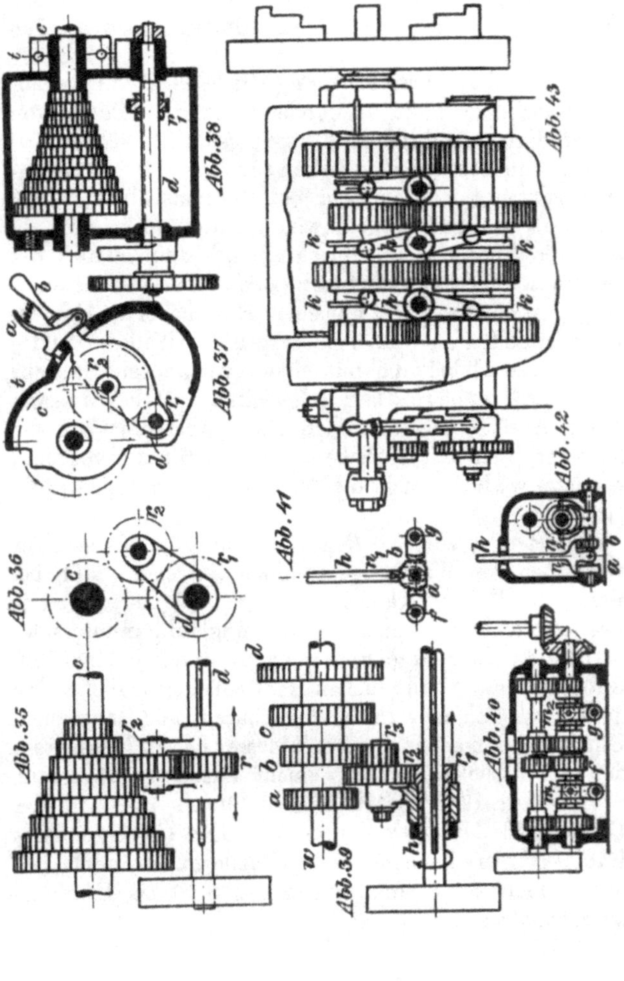

Abb. 35. Abb. 36. Abb. 37. Abb. 38. Abb. 39. Abb. 40. Abb. 41. Abb. 42. Abb. 43.

werden können, so daß die Welle *w* mittels der Übersetzung $r_1 : r_2$ acht verschiedene Umlaufzahlen machen kann.

δ) *Das Getriebe von Bickford* (Abb. 40—42) für Radialbohrmaschinen öfter verwendet, besitzt 4 Paare von Stirnrädern, die durch 2 Kupplungsmuffen m_1 und m_2 von Handhebeln auf den Wellen *f* und *g* (Abb. 41) in Eingriff gebracht werden. Da bei Bohrmaschinen häufig mehr als 4 Vorschubgeschwindigkeiten nötig sind, so wird die Verdoppelung durch ein am Spindelstock der Bohrmaschine angeordnetes ein- und ausrückbares Rädervorgelege bewirkt. Um nur einen Handhebel *h* (Abb. 41, 42) verwenden zu brauchen, tragen die Wellen *f* und *g* zwei kurze Hebel, die mit einem verzahnten Getriebe in Eingriff stehen. Der schwenkbare Hebel *h* kann durch Ansätze n_1 und n_2 in einen Ausschnitt an der höchsten Stelle der Getriebe *a* und *b* in Eingriff gebracht werden, wodurch sich die Muffen m_1 und m_2 kuppeln lassen.

ε) *Das Getriebe von Ruppert* (Abb. 43), das sich für alle Arten von Werkzeugmaschinen verwenden läßt, besitzt vier lösbare Klauenkupplungen *k*, von denen je zwei durch einen Doppelhebel *h* zwangläufig miteinander verbunden sind. Ihre Bewegung ist durch je einen, im Getriebegehäuse befindlichen Handhebel ermöglicht. Die durch das Stufengetriebe erzeugbaren acht langsamen Umlaufzahlen, sowie die Durchmesser der zu bearbeitenden Werkstücke sind an einem außen angebrachten Schild vermerkt. Erstere können durch Änderung der Umlaufzahl des Deckenvorgeleges oder ein besonderes Rädervorgelege in ebenso viele schnelle umgewandelt werden, wobei sich Übersetzungen von 3 : 1 bis 1 : 50 ermöglichen lassen.

Über andere Konstruktionen von Nelson, Brown & Sharp, Fosdiek u. a. m. vgl. Zeitschrift des Vereins deutscher Ingenieure von 1903 an und die übrige Literatur.

ζ) *Keilriemengetriebe*, von denen das von Reeves (Abb. 44) große Verbreitung gefunden, lassen ebenfalls eine allmähliche Änderung der Umdrehungszahlen zu. Bei dieser Anordnung sitzen auf der treibenden und getriebenen Welle je zwei konische Scheiben, zwischen denen ein mit Holzklötzchen gefütterter Riemen *m* läuft. Die Scheiben auf jeder Welle lassen sich verschieben und zwar so, daß wenn diejenigen auf der einen Welle einander genähert werden, die der anderen sich voneinander entfernen. Dadurch nähert sich im ersten Falle der Riemen der Welle, während er sich im zweiten Fall nach dem Scheibenumfang hin verschiebt, was eine Änderung der Übersetzung zwischen den Scheiben zur Folge hat, die ganz allmählich vor sich geht.

η) Derselbe Zweck läßt sich für kleine Maschinen durch *Kegelreibungsgetriebe* (Abb. 45) erreichen, bei denen ein Lederriemen *m* zwischen den Kegeltrommeln *a* und *b* durch Reibung die Bewegung der treibenden Trommel auf die getriebene überträgt. Wird der Riemen verschoben, so ergibt sich für jede seiner Lagen eine verschiedene Übersetzung.

ϑ) Der Antrieb durch *mehrgängige Schnecken* und *Schneckenrad* ist da am Platz, wo sehr große Übersetzung ins Langsame stattfinden soll, wie es z. B. bei Zylinderbohrmaschinen (vgl. Teil II) der Fall ist.

f) Eine **Veränderung des Hubes von Kurbelscheiben** und überhaupt aller Kurbelmechanismen kann durch Verstellung des Kurbelzapfens erreicht werden. Abb. 46, 47 zeigen eine derartige Einrichtung, bei der durch Drehen der Spindel *a* vermittels eingeschalteter

Stirn- und Kegelräder die in dem Zapfen *c* geführte Spindel *b* gedreht wird, so daß *c* in einem Schlitz der Kurbelscheibe *d* bewegt werden kann.

Eine vielfach verwendete Führung des Zapfens in der Kurbel zeigt Abb. 47, in der die Stellschraube *b* den Schwalbenschwanz *g* mit Gewinde faßt, und wenn sie gedreht wird, den Kurbelzapfen *p* verschiebt. Die Stellschraube *b* ist meist in einem in die Kurbel eingesetzten Schwalbenschwanz gelagert und hier an der Längsverschiebung gehindert.

Mit der Veränderung des Hubes durch Verstellung des Kurbelzapfens muß auch, wenn die mittlere Schnittgeschwindigkeit ungeändert bleiben soll, die Umlaufszahl der Kurbelscheibe zu ändern sein, wozu Stufenscheiben benutzt werden.

III. Die Umkehrung der Arbeitsbewegung.

1. **Für hin und her gehenden Antrieb** durch Kurbelmechanismen erfolgt der Rückgang durch den Mechanismus selbst. Für geraden Antrieb durch Zahnstange oder Schraube wird der Rückgang durch Verschiebung des Riemens für den Arbeitsgang auf die Losscheibe und die Überführung des Antriebsriemens für den Rückgang auf die treibende Scheibe ermöglicht. Statt dessen können auch Kupplungen verwendet werden.

Das Überführen der Riemen oder das Ein- und Auskuppeln kann für die gerade Hauptbewegung von Hand oder von der Maschine selbst erfolgen. Im letzteren Falle müssen Umsteuerungsvorrichtungen vorhanden sein, welche die die Riemen verschiebenden Teile in Bewegung setzen.

2. **Umsteuerungsvorrichtungen der geraden Hauptbewegungen** sind Stoßknaggen (Frösche) und Stoß-

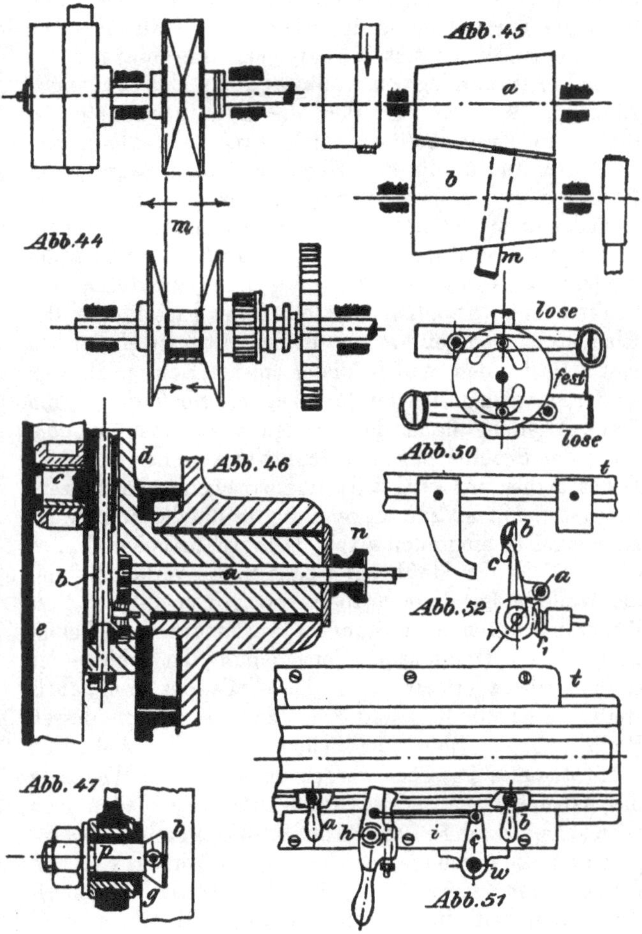
Abb. 44
m
Abb. 45
a
b
m
lose
fest
lose
Abb. 50
Abb. 46
c
d
n
a
b
e
t
b
c
a
Abb. 52
r
r_1
Abb. 47
b
p
g
t
a
h
i
c
b
w
Abb. 51

hebel (Stiefelknecht), die mit oder ohne Kipphebel und Gewichte zur Erhöhung der lebendigen Kraft versehen sein können, sowie mit Nuten versehene Walzen.

a) Die Anordnung von **Stoßknaggen** und **-hebel** zeigen Abb. 48, 49, S. 37. An dem die Hauptbewegung ausführenden Tisch befinden sich zwei verstellbare Anschläge *a* und *b*, die den Hebel *h* in entgegengesetzter Richtung treffen und ihn um einen bestimmten Winkel nach der einen oder anderen Seite drehen. Durch Zwischengestänge *c d* wird dabei durch die an der Scheibe *k* angreifende Stange *i* die Scheibe *k* gedreht, die durch zwei Schlitze *m n* (Abb. 49) an Bolzen im Lagerkörper der Riemenscheiben geführt ist. In der Mitte ist eine dritte Nut *v* vorhanden, und in dieser spielen Bolzen, die sich an der gelenkig gelagerten Riemengabel *g* befinden, durch deren Drehung dann die Riemen verschoben werden. Statt der Scheibe mit drei Schlitzen kommen ebenfalls Drehschieber mit zwei teils exzentrischen, teils konzentrischen Schlitzen zur Anwendung, in die die Zapfen der Riemenleiter eingreifen (Abb. 50). In manchen Fällen (Abb. 51) ist der Stoßhebel *h* nach unten verlängert und die Welle *w* der Riemengabeln trägt einen mit der Verlängerung durch eine Stange *i* verbundenen Hebel *c*, durch dessen Drehung die Verschiebung der Schiene der Riemengabeln erfolgt, oder die Welle des Stoßhebels treibt durch ein Kegelrad *r* ein zweites r_1, von dessen Welle aus ein Hebel die Schiene verstellt (Abb. 52).

Statt eines Frosches werden auch, um die Weglänge des Arbeitsganges und des Rücklaufes verschieden groß zu machen, zwei Frösche (Abb. 48a) hintereinander angeordnet, die gegen die verschieden weit hervorstehenden Stoßknaggen auftreffen. Um bei hoher Rücklaufgeschwindigkeit eine zu schnelle Riemenüberführung zu

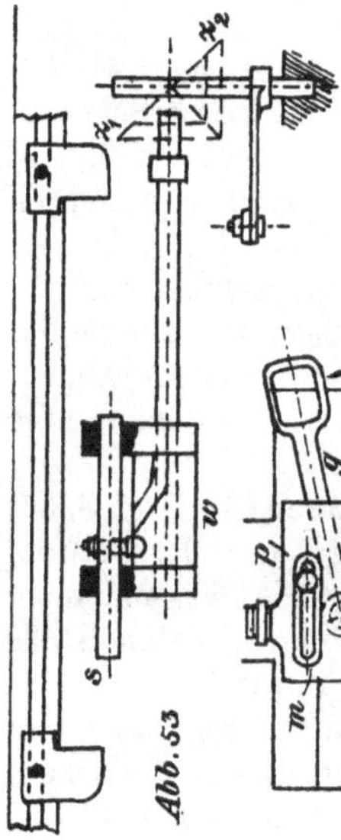

Abb. 53

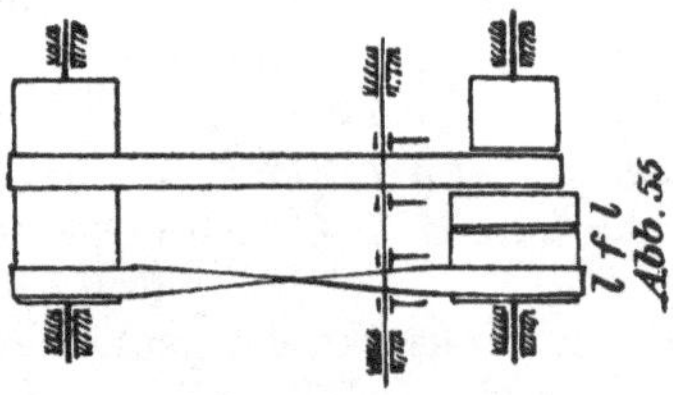

Abb. 55

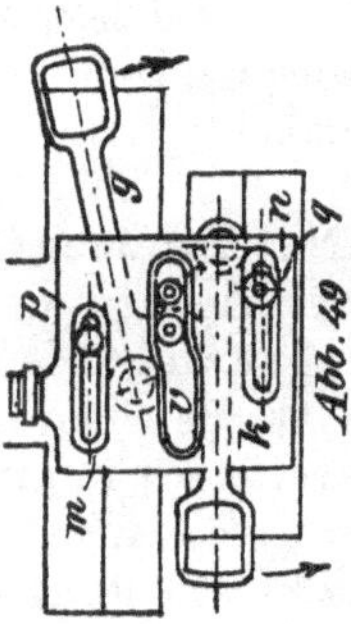

Abb. 49

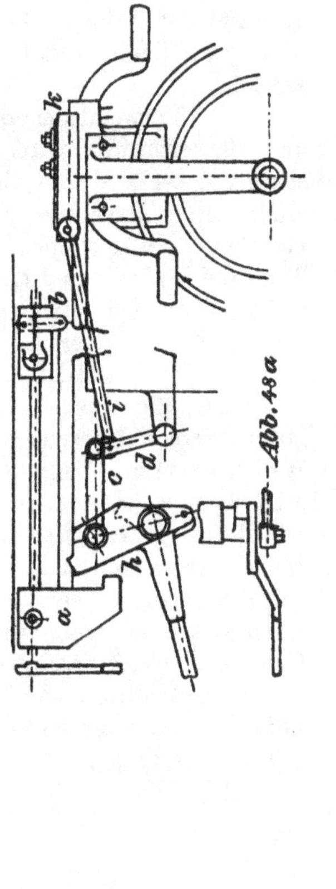

Abb. 48. Abb. 48a

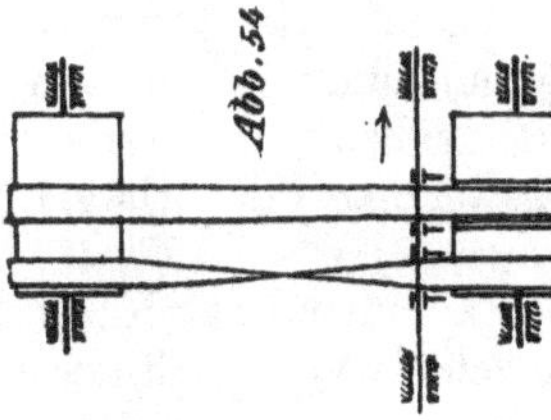

Abb. 54

vermeiden, werden ungleichschenklige Stiefelknechte (Abb. 52) angeordnet, deren Schenkel *a* und *b* im Verhältnis der Tischvorlauf- zur Tischrücklaufgeschwindigkeit stehen, wobei der beim Rücklauf wirksame Schenkel öfter eine Klappe *c* besitzt, die, wenn umgelegt, ermöglicht daß die Grenze des Tischrücklaufes verschoben werden kann.

Um stoßfreie Bewegungsumkehrung zu erreichen, wird stets angestrebt, daß z. B. bei Zahnstangenantrieb der Wechsel der Zahnanlegeflächen schon vor dem Augenblick des Beginns der Umkehr der Arbeitsbewegung erfolgt.

b) Bei Verwendung von **Nutenwalzen** (Abb. 53, S. 37) und Steuermuffen wird die Drehung der Riemenumsteuerungswelle durch die abwechselnde Verschiebung einer kleinen Stange *s* erzeugt, die einen mit einer Rolle versehenen Stift trägt. Dieser greift in die Nut ein, verdreht die Walze *w* und dadurch läßt sich deren Bewegung auf die Riemengabeln durch Einschaltung von Zwischengetrieben z_1, z_2 übertragen, jedoch findet sich diese Anordnung fast gar nicht mehr.

3. Für die **Umkehrung des Drehungssinnes** der die Hauptbewegung erzeugenden umlaufenden Welle kommen Wendegetriebe zur Anwendung, die als solche mit offenem und gekreuzten Riemen (Riemenwendegetriebe), mit Reibungsrädern (Abb. 60, S. 41), und als *Zahnräder-Wendegetriebe* mit und ohne Reibungskupplungen ausgeführt werden. Die Wendegetriebe sollen in den weitaus meisten Fällen eine Rückgangbewegung mit erhöhter Geschwindigkeit erzeugen.

a) Die **Riemenwendegetriebe** kommen mit gleichzeitiger oder getrennter Verschiebung der Riemen zur Anwendung (S. 37).

Die erste Gruppe ist wenig mehr in Anwendung, da die Riemenkanten stark leiden und erhöhter Kraftverbrauch eintritt. Bei der zweiten Gruppe sind diese Nachteile ganz oder teilweise umgangen, indem die Verschiebung der Riemen einzeln und nacheinander erfolgt, und der Riemen auf der Losscheibe während des Einrückens keine Verschiebung macht. Die Losscheiben brauchen hier nur halb so breit zu sein, wie bei der ersten Gruppe. Der Verschiebungsweg ist ferner nur so groß wie die Riemenbreite, und da jeder Riemen nur halb so oft verschoben wird, wie bei gleichzeitiger Umsteuerung, so ist die Abnutzung viel geringer und auch der Kraftverbrauch kleiner.

Zu erstreben ist ferner eine rasche Abstellbewegung. Erfolgt die Überführung zu langsam, so kommt die Maschine zum Stillstand, wenn der Treibriemen die Festscheibe so weit verlassen hat, daß er nicht mehr genügend durchziehen kann. Er gleitet dann auf der Festscheibe und zieht gelegentlich wieder ruckweise an, bis er ganz auf der Losscheibe liegt. Ein Riemenwendegetriebe ohne schnellen Rücklauf zeigt Abb. 54, S. 37, und bedarf keiner besonderen Erläuterung.

Ein solches mit schnellem Rücklauf und gleichzeitiger Verschiebung, bei dem die Losscheiben *l* die doppelte Breite der Festscheiben haben müssen, ist aus Abb. 55, S. 37 ersichtlich.

α) Bei dem *Riemenwendegetriebe* von Riemerschmidt (Abb. 56) wird die Drehung eines mit 2 Zapfen *a* und *b* versehenen Schildes *s* benutzt, um nacheinander die von je einer Führungsschiene *g* bedienten Riemen umzulegen. In der gezeichneten Stellung ist der offene Arbeitsriemen eingerückt.

β) Beim *Wendegetriebe* von *Sellers* (Abb. 57) wird ein drehbares, halbkreisförmiges Bogenstück *b* verwendet, das am inneren Rande 2 Nasen *n* und n_1 n_1 besitzt. Mit der Riemengabel *g* ist ein Hebel *h* verbunden. Bei Linksdrehung des Bogens *b* bringt Nase *n* durch Hebel *h* die Gabel *g* vor die feste Scheibe, durch Rechtsdrehung wird *g* wieder in seine frühere Lage gebracht und dabei bewegt sich Gabel g_1 nicht. Ihre Drehung vor die Festscheibe wird durch die Nase *k* am Bogenstück *b* bewirkt, wenn sich dieses über die Mittellage hinaus nach rechts dreht. Beim Zurückdrehen von *b* kommt g_1 in seine vorige Lage, während Gabel *g* sich nicht bewegt. Will man schnelleren Rückgang haben, so sind die Treibscheiben des Deckenvorgeleges verschieden groß zu machen.

γ) Das *Riemenwendegetriebe* der *Maschinenfabrik Grafenstaden* (Abb. 58) besitzt eine drehbare Scheibe *s* mit 2 Schlitzen, von denen jeder, teils konzentrisch, teils exzentrisch zum Drehpunkt *o* gestaltet ist. In die Schlitze greift je ein Zapfen an jeder der beiden Führungsschienen, die in der Abbildung hintereinanderliegen. Der exzentrische Teil der Nut *n* bringt durch Linksdrehung der Scheibe *s* die Gabel *g* vor die Festscheibe *f*, der entsprechende Teil der Nut n_1 besorgt dasselbe für die Gabel g_1. Ehe der offene Riemen auf die Festscheibe gebracht wird, erfolgt das Zurückschieben des gekreuzten Riemens und umgekehrt.

δ) Eine weitere Einrichtung zeigt Abb. 59 mittels eines mit einer *Nut* versehenen *Schiebers s*, durch den die Riemengabeln *g* und g_1 verschoben werden. Neben diesen Konstruktionen ist noch eine große Reihe anderer in Gebrauch, in betreff deren auf die Spezialliteratur verwiesen werden muß.

b) Die Zahnräder-Wendegetriebe können als *Stirn*- oder *Kegelräder*-Wendegetriebe mit offenen und gekreuzten Riemen ausgeführt werden.

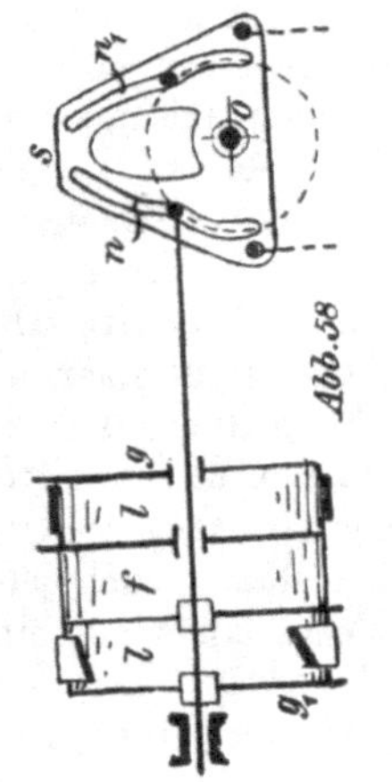

Abb. 58

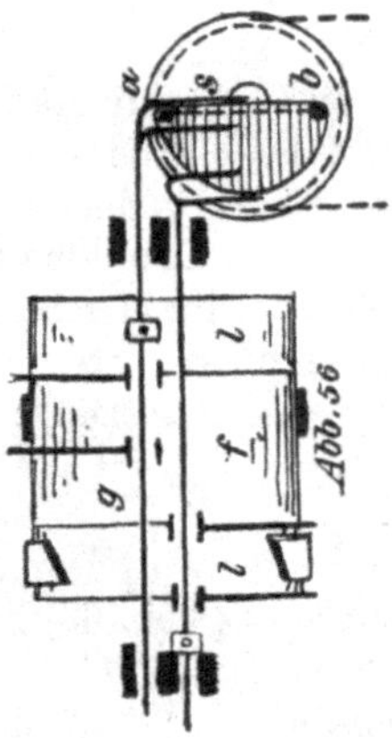

Abb. 56

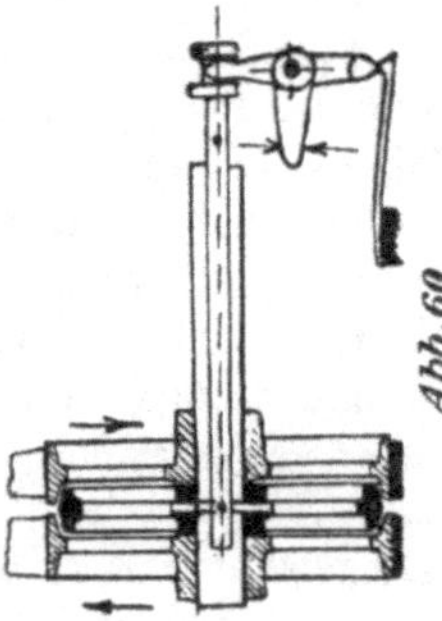

Abb. 60

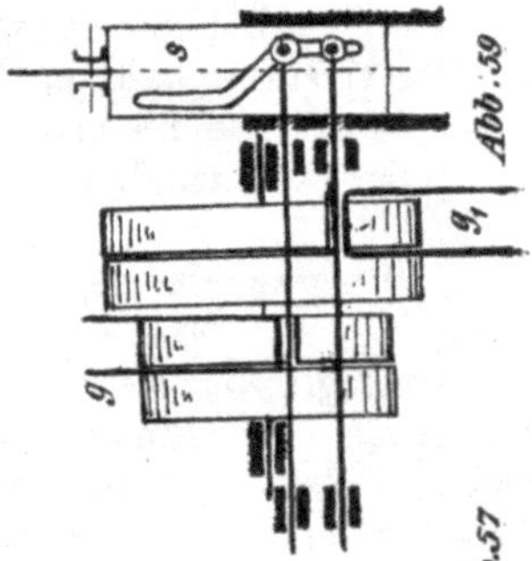

Abb. 59

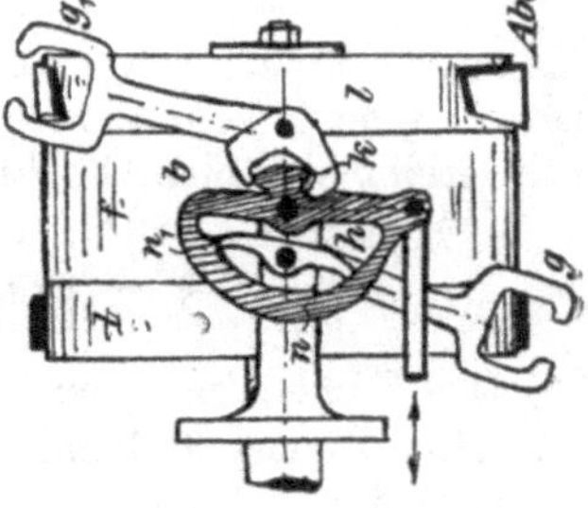

Abb. 57

α) Bei dem *Dreischeiben-Wendegetriebe mit Stirnrädern* (Abb. 61) sitzen die 3 Scheiben *I*, *II*, *III* auf der Antriebswelle w und der Treibriemen läuft stets in derselben Richtung. Scheibe *III* und Zahnrad z_1 drehen sich mit einer gemeinsamen Büchse auf der Antriebswelle w. Bei der Riemenlage auf *III* wird Welle w_1 durch Rad z_1 und z_2 angetrieben, so daß der Arbeitstisch t durch die an ihm befestigte Zahnstange s mittels des auf Welle w_1 sitzenden Zahnrades z_3 angetrieben wird. Liegt der Riemen auf der Festscheibe *I*, so wird die Drehung durch Rad z_4, die Vorgelegewelle w_2 mit Rad z_5 und von dieser mittels Rad z_7, z_6 und z_3 wieder auf den sich jetzt entgegengesetzt bewegenden Tisch übertragen, wobei Rad z_3 sich jetzt wegen des eineingeschalteten Vorgeleges langsamer und entgegengesetzt wie im ersten Fall bewegt. Das Verhältnis φ der Geschwindigkeiten ergibt sich demnach zu:

$$\varphi = \frac{z_1}{z_2} \cdot \frac{z_5}{z_4} \cdot \frac{z_2}{z_6} = \frac{z_1}{z_4} \cdot \frac{z_5}{z_6} .$$

β) Das sog. *Fünfrädergetriebe* (Abb. 62) trägt auf der Antriebswelle eine Riemenscheibe und die Stirnräder z_1 und z_3. Rad z_1 arbeitet mit dem losen Rad z_2 auf Welle w_1, während z_3 durch das Zwischenrad z_5 mit dem losen Rad z_4 auf Welle w arbeitet. Durch die Kupplung k, die sich auf Welle $w_1 w$ verschieben läßt, aber ihre Drehung mitmachen muß, können z_2 und z_4 verbunden werden. Mithin ergibt sich eine Geschwindigkeitsübersetzung:

$$\varphi = \frac{z_1}{z_2} \cdot \frac{z_4}{z_3} .$$

γ) Das *Wendegetriebe von Schwartzkopff* (Abb. 63) besteht ebenfalls aus 3 Riemenscheiben: *I* fest, *II* lose, *III* mit Rad z_1 auf einer Büchse lose auf der Antriebs-

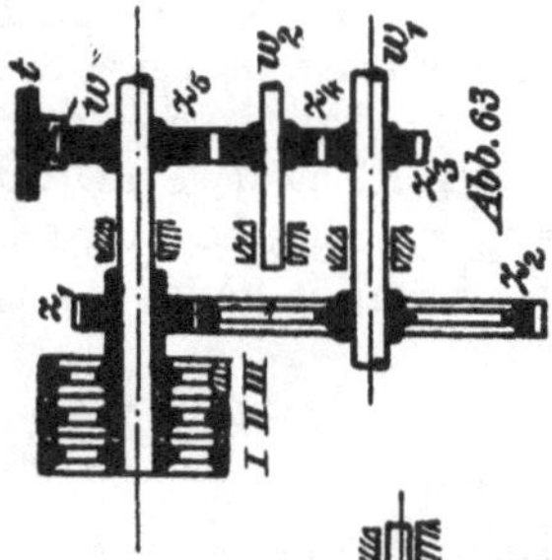

Abb. 63

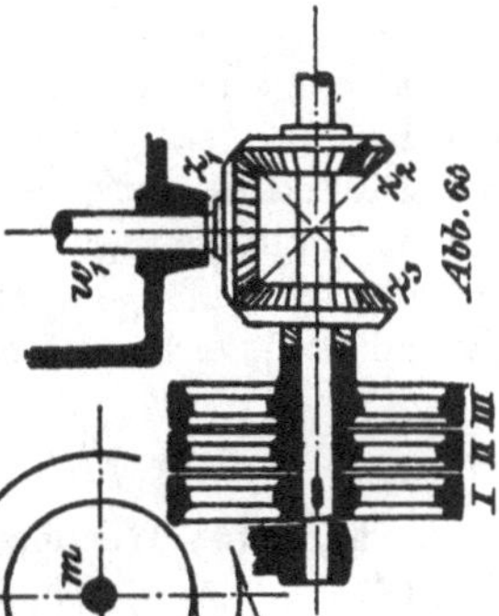

Abb. 60

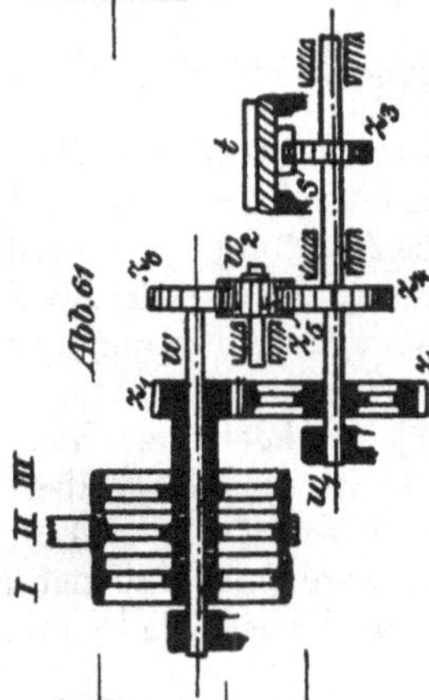

Abb. 61

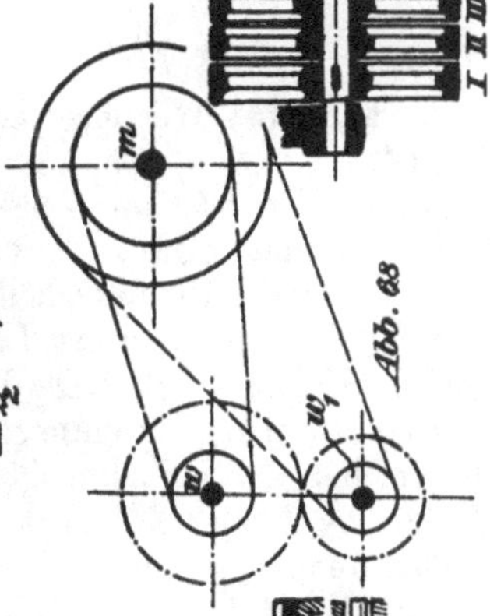

Abb. 68

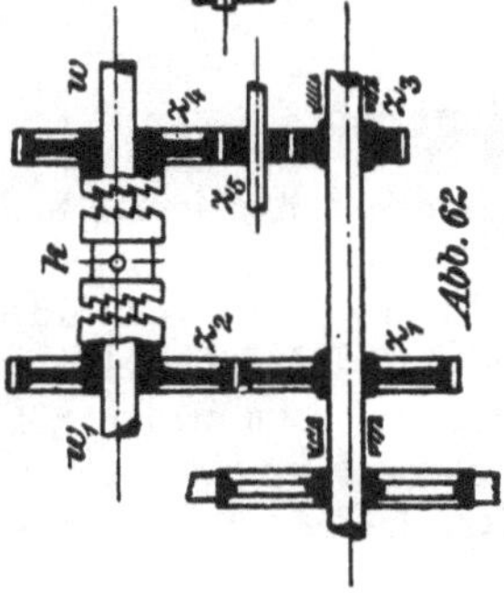

Abb. 62

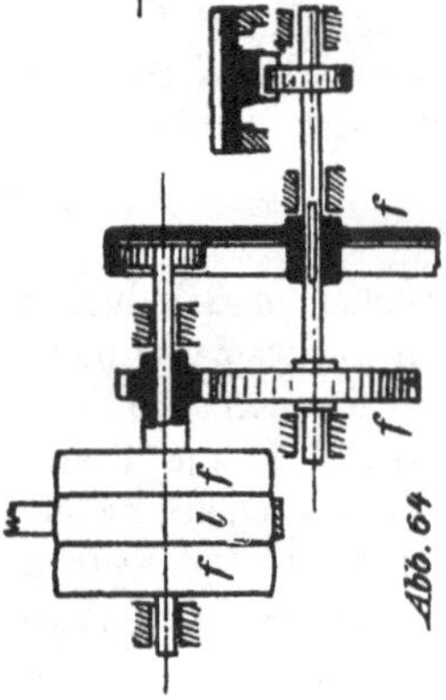

Abb. 64

welle w, die außerdem das Rad z_5 trägt. Die Vorgelegewelle w_1 trägt die Räder z_2, z_3. Auf der Zwischenwelle w_2 sitzt Rad z_4. Bei der Riemenlage *I* wird der Arbeitstisch t direkt angetrieben, bei der Riemenlage *III* aber sind die Vorgelege z_1, z_2 sowie z_3, z_4 eingeschaltet, so daß sich für die entgegengesetzte Tischbewegung das Geschwindigkeitsverhältnis ergibt:

$$\varphi = \frac{z_2}{z_1} \cdot \frac{z_5}{z_3}$$

Ein ähnliches Wendegetriebe mit Inneneingriff zeigt Abb. 64.

δ) Ein *Dreischeiben-Wendegetriebe mit Kegelrädern* ohne beschleunigten Rücklauf zeigt Abb. 65. Das Kegelrad z_2 ist wie die Riemenscheibe *I* fest auf der Antriebswelle w, das gleich große Rad z_3 dreht sich mit der Scheibe *III* lose auf ihr. Die Bewegungsübertragung auf die Welle w_1 erfolgt in entgegengesetzter Richtung, aber mit gleicher Geschwindigkeit, je nachdem der Riemen auf Scheibe *I* oder *III* liegt, *II* ist die Losscheibe.

Für beschleunigten Rücklauf (Abb. 66) muß Rad z_2 kleiner als z_3 ausgeführt werden, so daß sich als Geschwindigkeitsübersetzung für beide Umdrehungsrichtungen ergibt:

$$\varphi = \frac{z_3}{z_1} \cdot \frac{z_1}{z_2} = \frac{z_3}{z_2}.$$

Natürlich stehen hier die Achsen der Kegelräder nicht unter rechtem Winkel.

Will man bei sich senkrecht schneidenden Achsen für die Riemenlagen *I* und *III* verschiedene Umlaufsgeschwindigkeiten der getriebenen Welle w_1 für beide Drehrichtungen haben, so muß w_1 (Abb. 67) ungleich große, fest verbundene Kegelräder z_2 und z_4 tragen, während z_1 und z_3 befestigt sind. Als Übersetzung folgt in diesem Falle:

$$\varphi = \frac{z_3}{z_2} \cdot \frac{z_4}{z_1} \, .$$

c) **Bei elektrischem Antrieb** können für Arbeitsgang und Leerlauf je ein offener Riemen angeordnet werden. dies kann, wie Abb. 68, S. 43 zeigt, geschehen, wenn der Arbeitsgang der Maschinenwelle m von der Vorgelegewelle w, der Leergang von der Motorwelle w_1 aus angetrieben wird.

d) **Die Ausrückung der Arbeitsbewegung** ist im vorhergehenden bereits z. T. mit besprochen worden. Sie erfolgt durch die Ausrückvorrichtungen der Spindelstöcke (Abb. 28—33) durch exzentrische Zapfen und Büchsen, seltener durch direkte Verschiebung von Rädern und Wellen.

Durch plötzliche Aufhebung des Antriebs durch exzentrischen Zapfen oder Exzenter oder Herausziehen eines Zwischenteils (Schiebers) kann momentane Auslösung erreicht werden.

So kann z. B. der durch Exzenter angetriebene auf und ab gehende Teil einer Stoßmaschine, des Werkzeugträgers, dadurch schnell außer Funktion gesetzt werden, daß man das die Bewegung übertragende Zwischenglied, die Druckstelze, durch Zugstange und Handhebel beiseite zieht, oder es geschieht die Ausrückung durch Herausziehen einer Beilage, so daß die Bewegungsübertragung plötzlich aufhört. Man hat die Anordnung auch wohl so getroffen, daß die Auslösung der Druckstelze selbsttätig vor sich geht, wobei das antreibende Exzenter während der Außerbetriebsetzung sich in einem kurvenbegrenzten Ausschnitt der gelenkig gelagerten Druckstelze bewegt.

IV. Die Schalt- oder Vorschubmechanismen.

1. Der **Vorschub**, dessen Aufgabe die Erzeugung der Stärke des abzunehmenden Spans ist, und der entweder vom Werkzeug oder vom Werkstück ausgeführt wird, kann geradlinig oder kreisförmig sein, außerdem kann er ruckweise oder stetig, d. h. während des ganzen Arbeitsganges der Maschine erfolgen.

Der von der Antriebswelle ausgehende Antrieb des Vorschubes wird durch Zwischenorgane auf den eigentlichen Vorschubmechanismus übertragen, der oft eine Veränderung der Schaltungsgröße und Schaltungsrichtung zulassen muß. Letztere muß dann in vielen Fällen einen beschleunigten Rücklauf gestatten, der oft selbsttätig erfolgt. Neben diesen Anforderungen kommen noch die Teile in Betracht, durch die sich eine Abstellung des Vorschubes ermöglichen läßt.

a) Geradliniger Vorschub läßt sich durch den

α) *Kurbelmechanismus* mit exzentrischem und elliptischem Rad erzeugen (vgl. S. 19), Schraubenspindel und Mutter werden, wegen der Langsamkeit, mit der die Mutter nur verstellt werden kann, neuerdings weniger verwendet. Für eine Umdrehung der Arbeitswelle oder einen Doppelhub und n Umdrehungen der Spindel oder der Mutter von der Steigung h folgt als Größe der Schaltung $S = h \cdot n$. Die Schraube kommt besonders als Leitspindel für das Gewindeschneiden auf der Drehbank zur Anwendung, da der Vorschub hierbei stets genau dieselbe Größe haben muß.

β) *Zahnstange* und *Rad* von z Zähnen mit der Teilung t ergeben, wenn das Rad für eine Umdrehung der Arbeitswelle oder einen Doppelhub n Umdrehungen macht, die Schaltungsgröße $S = t z n$.

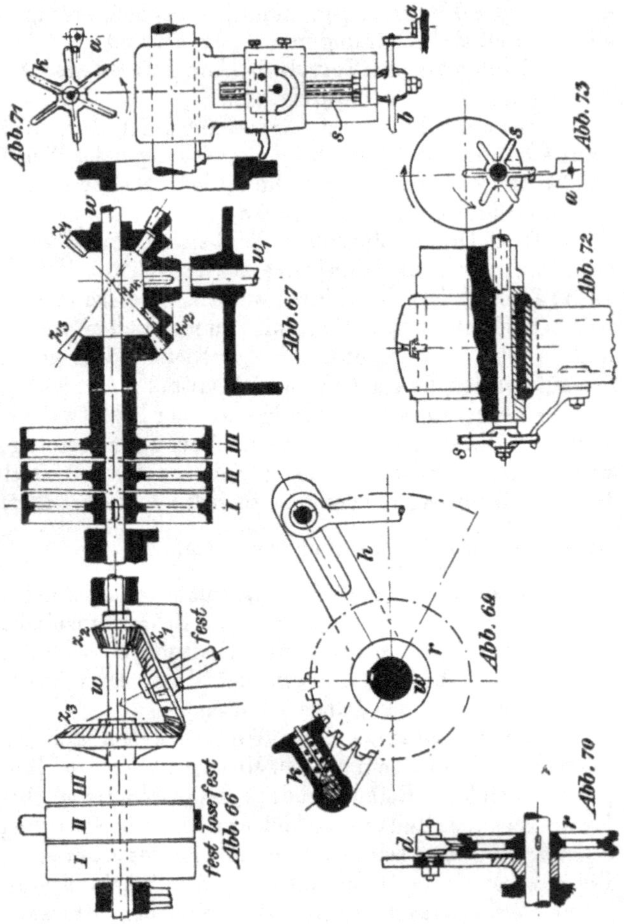

Abb. 71

Abb. 67

Abb. 73

Abb. 72

Abb. 66

Abb. 69

Abb. 70

γ) *Walzen* vom Durchmesser d, die zum Transport dienen und n Umdrehungen minutlich machen, erzeugen eine sekundliche Schaltung von $S = \pi\, d n : 60$.

b) Kreisförmiger Vorschub kann ruckweise erfolgen oder Dauervorschub sein.

Dauervorschub wird vorwiegend durch Schneckengetriebe erzielt, und bei n Umdrehungen des Werkstücks während einer Umdrehung der Arbeitswelle ist die minutliche Schaltung $S = \pi\, d n$.

c) Ruckweiser Vorschub läßt sich durch Zahnschaltwerke oder Schaltkreuze erreichen.

α) *Zahnschaltwerke* (Abb. 69) werden, vorwiegend nach beiden Richtungen schaltbar, mit symmetrischen Zähnen und Sperrklinke k versehen, die durch eine Feder gegen das auf der Schaltwelle befestigte Schaltrad r gepreßt ist, und die drehbar am Ende des lose auf der Schaltwelle w sitzenden Hebels h oder einer Schraubenspindel befestigt wird. Für ein Schaltrad mit z Zähnen, das bei einer Hin- und Herbewegung des Schalthebels i Zähne schaltet, ist eine $\frac{i}{z}$ fache Übersetzung vorhanden.

Das Rad kann auch als Kronrad mit seitlich sitzenden Zähnen ausgebildet werden. Hat die Schraubenspindel die Steigung h, so beträgt die Schaltung $S = i\, h : z$. Ganze und halbe Zähne lassen sich durch zwei Sperrklinken verschiedener Länge schalten.

β) *Klemmschaltwerke* (Abb. 70), bei denen sich die Sperrklinke d, an einem um den Mittelpunkt des als Keilrad ausgebildeten Reibungsrades r drehbaren Hebel, befestigt, gegen das Rad pressen läßt, erzeugen eine Schaltung $S = 2b : \pi\, r$, wenn sich das Rad vom Radius r um einen Bogen b bei einem Doppelausschlag des Hebels bewegt.

γ) *Sternschaltwerke* (Abb. 71) werden benutzt, wenn

der ganze Schaltmechanismus sich mit der umlaufenden Arbeitswelle dreht, wobei ein fester Anschlag *a* bei jeder Umdrehung das Schaltkreuz *b* und die mit ihm verbundene Schraubenspindel *s* dreht.

Besitzt die Schraubenspindel selbst eine drehende Bewegung, wie z. B. bei Bohrmaschinen, bei denen sie (Abb. 72, 73) in einem seitlichen Schlitz der Bohrspindel liegt und sich mit dieser dreht, so muß sie gegen die Bohrspindel eine relative Bewegung machen. Dies läßt sich erreichen, indem ein auf der Schraubenspindel sitzendes Sperrad *s* (Abb. 74, S. 51) durch einen festen Schalthaken *a* um so kürzere oder längere Zeit festgehalten wird, je nachdem letzterer von der Mitte der Bohrspindel weiter oder weniger weit entfernt liegt. Greift der Schalthaken bei jeder folgenden Umdrehung der Bohrspindel auch in die folgende Lücke des Sperrades ein, so ist für eine Steigung *h* der Schraube, ihre relative Drehung gegen die Bohrspindel bei einer Umdrehung der letzteren $1 : z$ und die Schaltung $h : z$.

Bei horizontalen Bohrmaschinen findet sich statt des Sperrades häufig ein Schaltkreuz *s*, wobei (Abb. 72, 73) der feste Anschlag *a* am Gestell der Bohrmaschine befestigt ist, S. 47.

δ) Liegt die Schaltspindel konzentrisch zur Bohrspindel, so läßt sich die verschiedene Umlaufzahl beider durch *Differentialrädergetriebe* (Abb. 75) ermöglichen. Hier sitzt ein Zahnrad z_1 fest auf der Schraubenspindel *s*, ein zweites z_4 fest auf der Bohrhülse *b*, beide Räder stehen in Eingriff mit den Rädern z_2 bzw z_3, die sich lose auf dem Bolzen *o* drehen. Für die Steigung *h* der Schraubenspindel *s* ergibt sich die Schaltung:

$$S = \left(\frac{z_1}{z_2} \cdot \frac{z_3}{z_4} - 1\right) h .$$

Die Räder z_1 und z_3 können durch einen Handhebel h ausgerückt werden, um die Schraubenspindel durch das Handrad r zu bewegen.

ε) Demselben Zweck dient das *Umlauf-* oder *Planetengetriebe* (Abb. 76, 77), von dessen vier Rädern z_1 und z_4 auf der Bohrspindel s, bzw. der Bohrhülse b befestigt sind, während z_2 und z_3 sich auf dem Bolzen o drehen, der in einem Arm m, der um die Bohrhülse faßt, gelagert ist. Für eine Umdrehung der Bohrspindel und die Schraubensteigung h ist die Schaltung:

$$S = \frac{z_4}{z_3} \cdot \frac{z_2}{z_1} h\,.$$

Bei exzentrischer Lagerung der Schraubenspindel kann die Anordnung nach Abb. 78 erfolgen.

d) Der **Antrieb der Steuerung** geht in den meisten Fällen von der Hauptbewegung der Maschine aus.

α) *Antriebsmittel* für *geradlinigen* stetigen Vorschub sind außer dem Riemen- oder Kettentrieb, Zahnräder und Reibungsräder, letztere meist in der Form sog. Diskusräder (vgl. S. 55).

β) *Antriebsmittel* für *kreisförmige* Schaltung sind für stetigen Vorschub Riemen oder Ketten, für ruckweisen Vorschub die Exzenterscheibe in ihrer bekannten Ausführung (Abb. 79, 80), die Kurbel, oft in Form von Kurbelscheiben mit verstellbarem Zapfen (vgl. S. 35, Abb. 46, 47), die Nutenscheibe (Abb. 82) von der die Steuerung auf dem Bogen α betätigt wird, während sie beim Durchlaufen des Bogens β ruht und die Nutenwalze (Abb. 83).

γ) Die *Übertragung* auf den eigentlichen Schaltmechanismus geschieht für ruckweisen Vorschub durch Hebel- und Zugstangen (Abb. 83), ferner durch

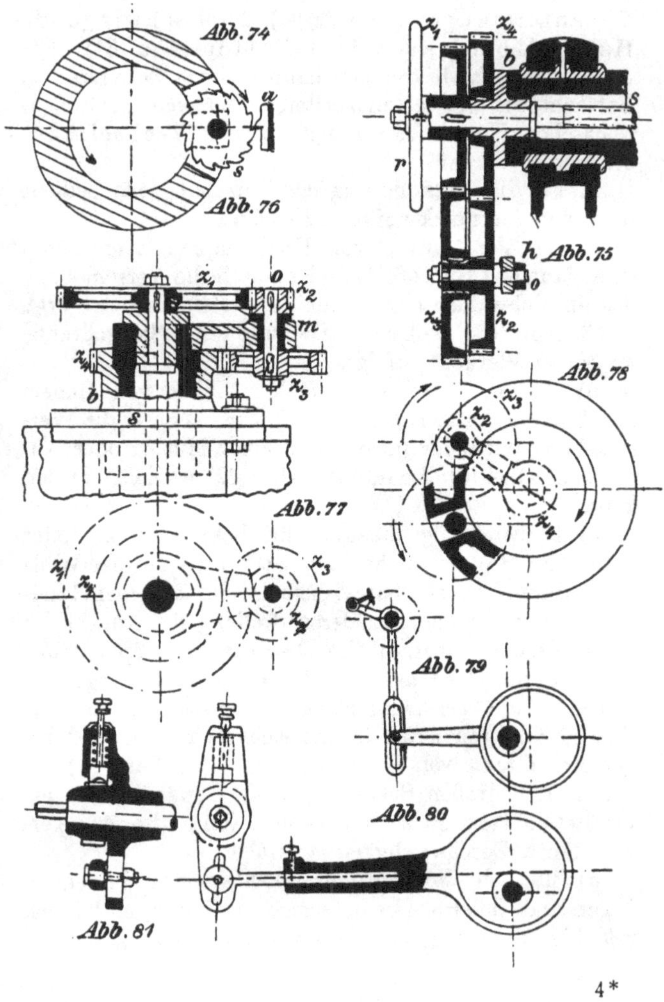

Abb. 74 Abb. 75 Abb. 76 Abb. 77 Abb. 78 Abb. 79 Abb. 80 Abb. 81

Exzenterstangen (Abb. 79, 80), durch schwingende Hebel (Abb. 82) sowie durch Ketten (Abb. 84). Für Dauervorschub kommen hauptsächlich Zahnräder in Betracht, die, weil in den meisten Fällen auch ein Größenwechsel des Vorschubs verlangt wird, als Wechselräder bezeichnet werden.

2. Für die **Veränderung** der Vorschubgröße bedient man sich für ruckweisen Vorschub

a) der **Verstellung** von Kurbelzapfen nach Lösen einer Mutter (Abb. 46, 47) oder durch die Verschiebung des in Schwalbenschwanznut geführten Zapfens (vgl. S. 53, Abb. 84), wobei die Drehung einer Stellschraube an einem Vierkant erfolgt.

b) Weitere Mittel sind die Verstellung von Hebeln durch in Schlitzen geführte Zapfen, wobei die Verschiebung entweder nach Lösen einer Mutter oder Anordnung einer Stellschraube (Abb. 82) erreicht werden kann.

c) Fernere Möglichkeiten für diesen Zweck bietet (Abb. 85a, 85) eine neben dem Sperrade *r* auf der Welle drehbare und feststellbare Scheibe *s*, die mit einer Randaussparung versehen ist, deren Stellung die Anzahl der zu schaltenden Sperradzähne bedingt. Die Sperrklinke befindet sich hier an dem Ende eines schwingenden Hebels *h*, die Geschwindigkeit der zu schaltenden Teile (Tisch, Schlitten usw.) ändert sich nicht, während bei der Anordnung von Schwinghebeln (vgl. Abb. 82) bei verschieden großen Schaltungen die Bewegung der geschalteten Teile stets in derselben Zeit, also mit verschiedenen Geschwindigkeiten erfolgt.

d) Muß ein Mechanismus einer anderen Bewegung folgen und außerdem seine eigene ausführen, so können gelenkige Teile eingeschaltet werden, wie sie z. B. Abb. 85

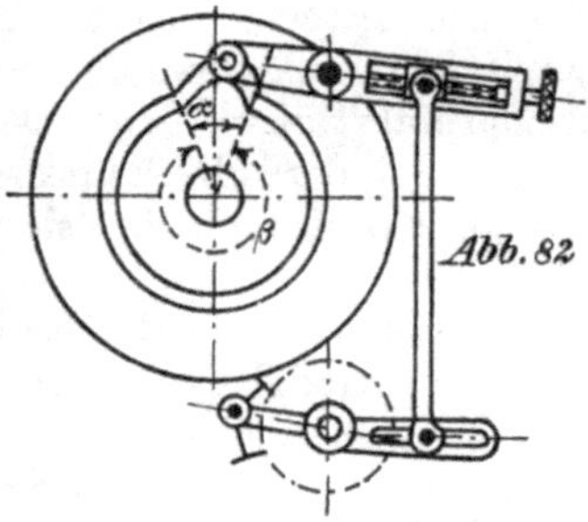

Abb. 82

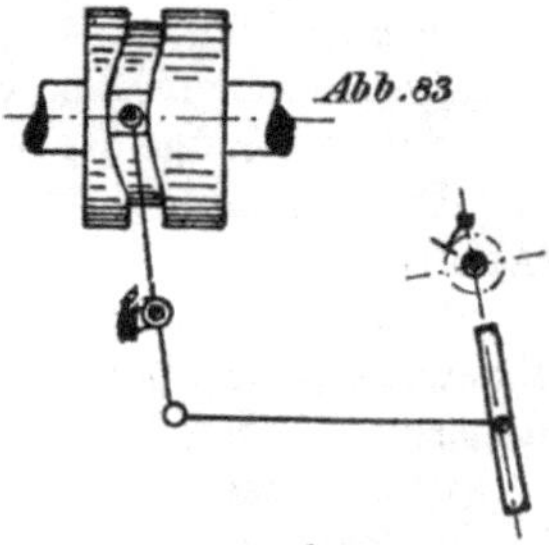

Abb. 83

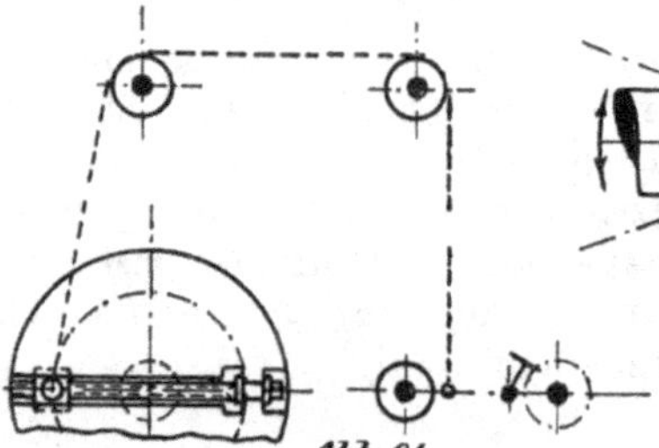

Abb. 84

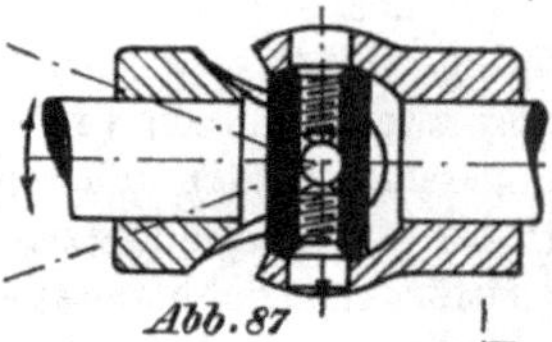

Abb. 87

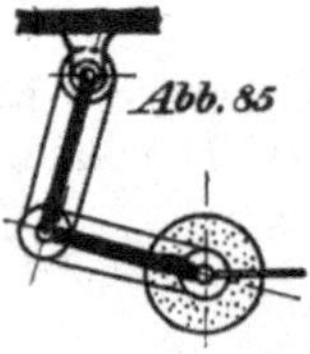

Abb. 85

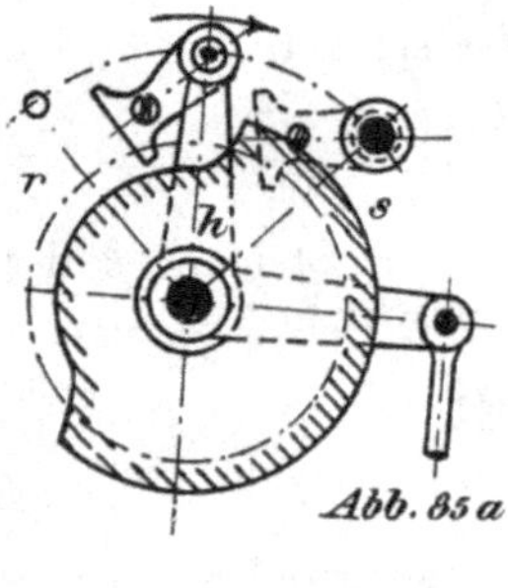

Abb. 85 a

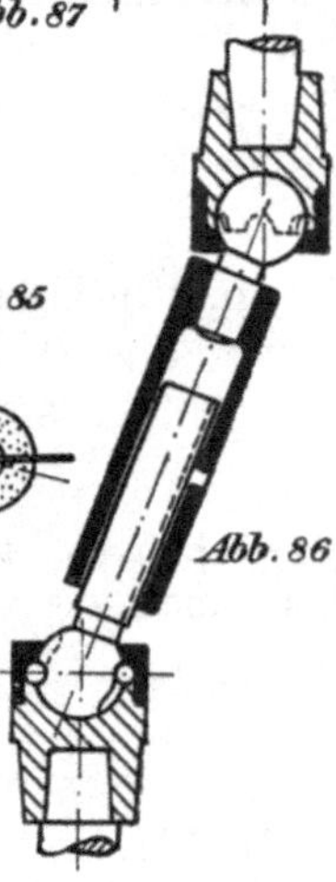

Abb. 86

für ein Schleifrad zeigt, das sich an einer gelenkigen Hebelverbindung befindet, um an einer kurvenförmig gestalteten Schleiffläche entlanggeführt zu werden, oder es werden gelenkige Wellen verwendet, deren Drehpunkte als Kreuzgelenke oder Kugelgelenke ausgebildet sind (Abb. 86, 87).

e) Für **Dauerschaltung** lassen sich Stufenscheiben verwenden, die aber wegen der Schwierigkeit der Umsteuerung in den Hintergrund getreten sind.

f) Statt dessen gebraucht man, besonders wenn die Größe des Vorschubes dieselbe bleiben muß, **Wechselräder**, wobei die einzusetzenden Räder in die mit ein oder zwei Schlitzen versehenen Stelleisen (Abb. 88—90) eingesetzt werden müssen. Die für verschiedene Radgrößen zu ändernde Lage der Stelleisen wird durch im kreisförmigen Schlitzen t geführte Stellschrauben gesichert. Für die Zahnradanordnung (Abb. 88) z. B. ergibt sich für das Rad r_1 eine Umdrehungszahl:

$$n_1 = n_5 \frac{z_5}{z_3} \cdot \frac{z_2}{z_1},$$

für eine Umdrehung des Rades r_5 macht die Welle von Rad r_1 (bei der Drehbank die Leitspindel):

$$n_1 = \frac{z_5}{z_3} \cdot \frac{z_2}{z_1}$$

Umdrehungen, wodurch sich bei einer Steigung h der Leitspindel die Größe der Schaltung zu

$$S = h \cdot \frac{z_5}{z_3} \cdot \frac{z_2}{z_1}$$

ergibt.

Die Zähnezahl der an zwei Punkten ihres Umfanges in Eingriff stehenden Zwischenräder z_4 hat auf die Größe

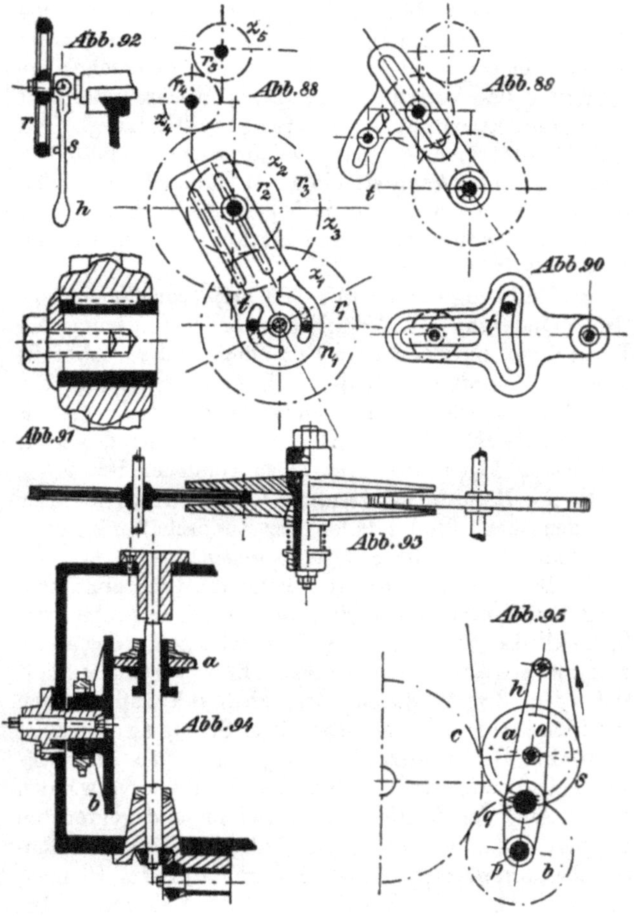
Abb. 92
r
s
h
Abb. 88
z_5
r_5
r_4
z_4
z_2
r_2
r_3
z_3
z_1
r_1
n_1
t
Abb. 89
t
Abb. 90
t
Abb. 91
Abb. 93
a
Abb. 94
b
Abb. 95
h
c
a
o
s
q
p
b

der Schaltung keinen Einfluß. Eine Beschleunigung des Auswechselns der Räder läßt sich durch Anordnung von Schlitzen in den Unterlegscheiben der Sicherungsmuttern der einzelnen Räder (Abb. 91) erzielen. Eine schnellere Änderung des Vorschubes als durch Wechselräder läßt sich durch Anwendung von Stufengetrieben (vgl. S. 31, Abb. 35—43) erreichen. Zur Erzeugung eines langsameren Handvorschubes kann ein einfacher Handhebel (Abb. 92) benutzt werden, wobei ein Stift *s* am Hebel *h* in Löcher am Kranz des für schnelleren Vorschub dienenden Handrades *r* gedrückt wird.

g) **Reibradgetriebe** (Abb. 93, 94) ermöglichen eine Größenänderung des Vorschubes durch Änderung der Radien der miteinander arbeitenden Räder. Abb. 93 zeigt die Anordnung für den Fall, daß das mittlere aus zwei Teilen bestehende Reibrad höher oder tiefer gestellt wird (Sellers), während Abb. 94 ein Diskusrad *b* zeigt, auf dessen Fläche der Trieb *a* zu verstellen ist.

3. Die **Richtungsänderung** des Vorschubes muß, je nachdem man es mit gerader oder Rundschaltung zu tun hat, durch verschiedene Mittel erfolgen.

a) Bei Rundschaltung kann die Richtungsänderung bei ruckweisem Vorschub durch **Umlegen der Sperrklinke** nach Abb. 69, S. 47 erfolgen, oder wenn eine nur einseitig wirksame Sperrklinke vorhanden, läßt sich der Zweck durch Zwischenschaltung von Rädergetrieben (vgl. Abb. 102, S. 59) erreichen.

b) Bei Dauervorschub liegt auch meist die Notwendigkeit vor, verschieden große Vorschübe verwenden zu müssen. Ist Antrieb durch offenen und gekreuzten Riemen vorhanden, so macht häufig die für die Stufenscheiben erforderlich werdende Vorrichtung zur Riemenverschiebung einige Schwierigkeit, die sich durch Anwendung von **Wendegetrieben** mittels Stirn- oder Kegelräder vermeiden läßt.

α) Das *Stirnräder-Wendegetriebe* mit *einem Zwischenrade* (Abb. 95) besteht aus dem Rade *a*, drehbar um einen Bolzen *o* am Hebel *h* und fest verbunden mit der Stufenscheibe *s*. Das mit *a* im Eingriff stehende Zwischenrad *b* dreht sich lose um den Bolzen *p* am Hebel *h* und letzterer selbst um den festgelagerten Bolzen *q*. Der Drehsinn von Rad *c* wird umgekehrt, je nachdem durch Drehung des Hebels *h*, Rad *a* oder *b* mit *c* in Eingriff gelangen.

β) Das *Stirnräder-Wendegetriebe* mit *zwei Zwischenrädern* (Abb. 96) wird meist vom Rade *c* angetrieben, wobei die Zwischenräder, von denen Rad *b* mit *a* in Eingriff steht, sich um Bolzen drehen, die mit einem Hebel *h* verbunden sind, während dieser und Rad *a* denselben Drehbolzen besitzen. Rad *a* ist mit der Stufenscheibe fest verbunden. Je nachdem die zusammenarbeitenden Räder *b* und *d* in Rad *c* eingreifen, kann der Drehsinn von Rad *a*, also auch der der Stufenscheibe geändert werden.

γ) Bei dem *Kegelräder-Wendegetriebe* (Abb. 97, 98) sitzt Rad *c* fest auf seiner Welle. Durch Verschiebung der doppelten Klauenkupplung *k* mittels des Hebels *h*, so daß die lose auf der Welle *w* sitzenden Kegelräder *a* oder *b* gekuppelt werden, kann die Welle w_1 rechts oder links herumlaufen, während Welle *w* stets ihren Drehsinn beibehält.

Ordnet man dagegen das Kegelrad *a* mit dem Antriebsrad *d* (Abb. 99) auf einer Büchse an und läßt alle Räder sich lose auf ihren Wellen drehen, so wird sich die Welle *w*, je nachdem die verschiebbare Kupplung mit *a* oder *b* verbunden ist, rechts- oder linksherum drehen, während Rad *c* lediglich die Rolle eines Zwischenrades spielt.

δ) Stirnräder-Wendegetriebe dienen in der Form von *Drehherzsteuerungen* vielfach zur Umsteuerung der Leitspindel von Drehbänken.

Je nachdem z. B. in Abb. 100 durch Drehung des Wendeherzens w entweder nur das eine Zwischenrad z_2 mit dem Rade z_1 auf der Arbeitsspindel oder z_3 mit z_1 in Eingriff gebracht werden, dreht sich die Leitspindel in dem einen oder dem anderen Sinne. Statt dessen kann das Wendeherz auch wie in Abb. 101 ausgeführt werden.

In ähnlicher Weise kann ein Wendeherz auch benutzt werden, um den Drehungssinn einer ruckweisen Schaltung mit nur einseitiger Sperrklinke zu ändern (Abb. 102).

4. Die **Abstellvorrichtungen** der Vorschubbewegung werden entweder von Hand oder selbsttätig ausgeführt.

a) Für Momentschaltung kann die Abstellung durch Auslösung der die Schaltung bewirkenden **Sperrklinke** in einfacher Weise erreicht werden.

b) Für Dauervorschub ist an die Stelle von verschiebbaren oder einschwenkbaren Zahnrädern in vielen Fällen die Anordnung von **Kupplungen** getreten, die entweder als Klauen-, Reibungs- oder Sperradkupplungen ausgeführt werden.

α) Die *Reibungskupplungen*, meist Kegelreibungskupplungen (Abb. 103), finden sich häufig am inneren Umfange von Zahn- oder Schneckenrädern angeordnet und werden durch Lösen oder Anziehen einer Mutter durch ein Handrad aus- und eingerückt. Daneben kommen auch Ausbildungen nach Abb. 104 vor, bei denen die Reibung durch Anpressen des auf der Welle befestigten Handrades gegen ein loses Zahnrad z mittels einer Schraube s erzeugt wird.

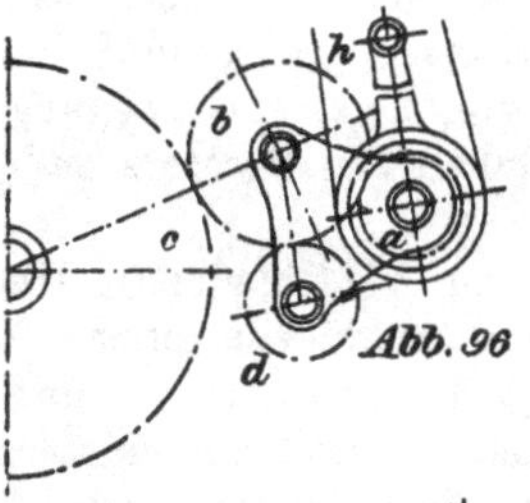

Abb. 96

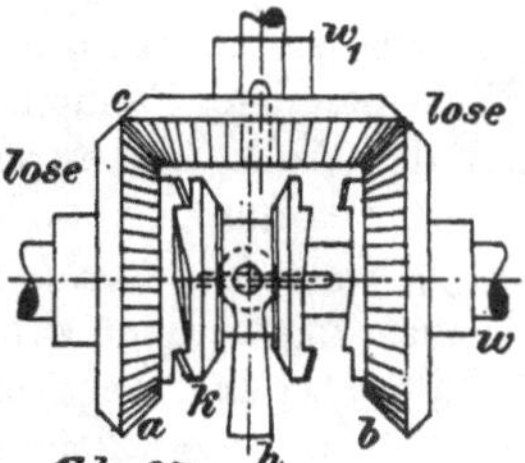

Abb. 97

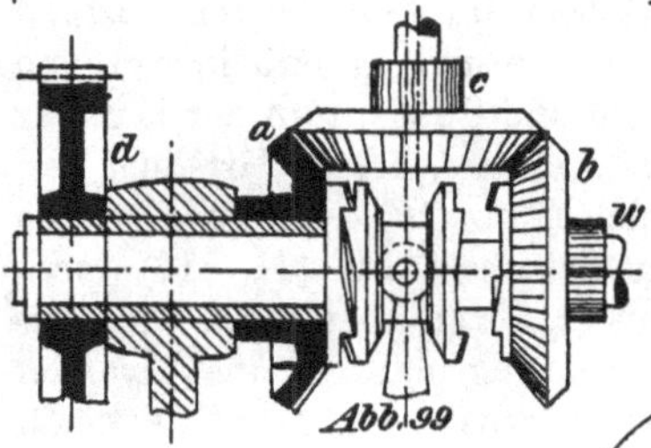

Abb. 99

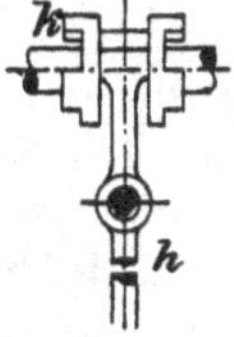

Abb. 98

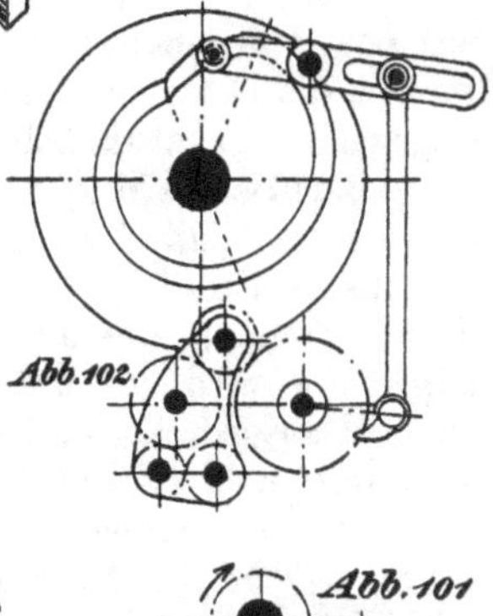
Abb. 102

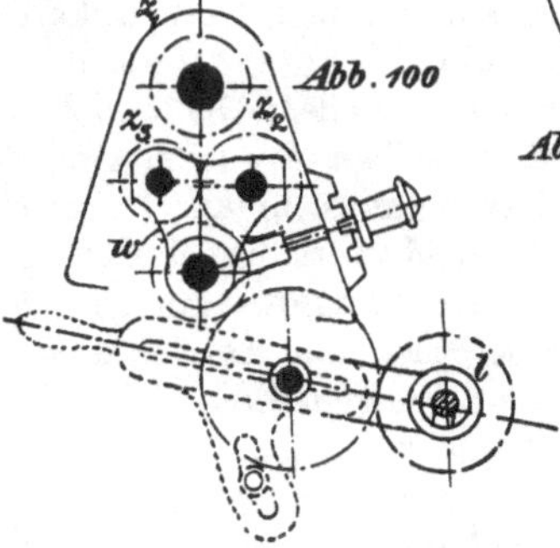

Abb. 100

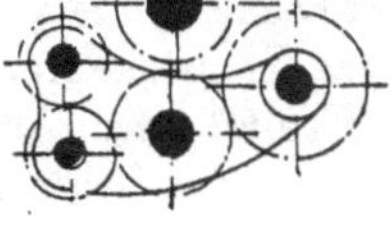
Abb. 101

β) Bei *Sperradkupplungen* (Abb. 105, 106) überträgt eine Sperrklinke *k*, die in die Zähne eines lose auf der Welle sitzenden Zahntriebes *z* eingreift, dessen Bewegung auf die Welle, die durch Ausklinken des Sperrers zum Stillstand kommt.

γ) Das *Mutterschloß* in seinen verschiedenartigen Ausführungen dient zum Ein- und Ausrücken einer die Schaltbewegung erzeugenden Schraubenspindel und besteht im wesentlichen aus einer zweiteiligen Mutter, deren beide geführten Hälften im eingerückten Zustand die Schraubenspindel umfassen und ausgerückt sich von ihr entfernen. Das Lösen und Schließen der Mutter erfolgt durch einen Handschlüssel, dessen Drehung vermittels einer Spiralscheibe (Abb. 107—110) oder durch gerade Schlitze in einer Scheibe (Abb. 111, 112) durch Stifte auf die beiden Mutterhälften übertragen wird, die sich je nach der Drehrichtung der Scheibe einander nähern oder voneinander entfernen. Derselbe Zweck läßt sich durch die Drehung einer Spindel mit Rechts- oder Linksgewinde erreichen (Abb. 113—115).

In Abb. 116 ist die Mutter *m* ebenfalls geteilt ausgeführt und die eine Hälfte ist als ein um den Drehpunkt *o* schwenkbarer Hebel *b* ausgeführt.

Durch Drehung des auf einer Welle *w* befindlichen Handgriffs *g* wird ein auf derselben Welle sitzender Daumen *d* so gedreht, daß er nicht mehr am Hebel *b* anliegt, worauf die Feder *f* die Mutterhälfte auslöst.

c) Selbsttätige Auslösevorrichtungen werden durch

α) *verstellbare Anschläge* betätigt. Bei Antrieb durch ein Schneckenradgetriebe kann entweder die Schnecke oder das Schneckenrad ausgerückt werden.

β) Erfolgt die Auslösung durch Ausrückung des Schneckenrades (Abb. 117), so kann eine am Kupplungs-

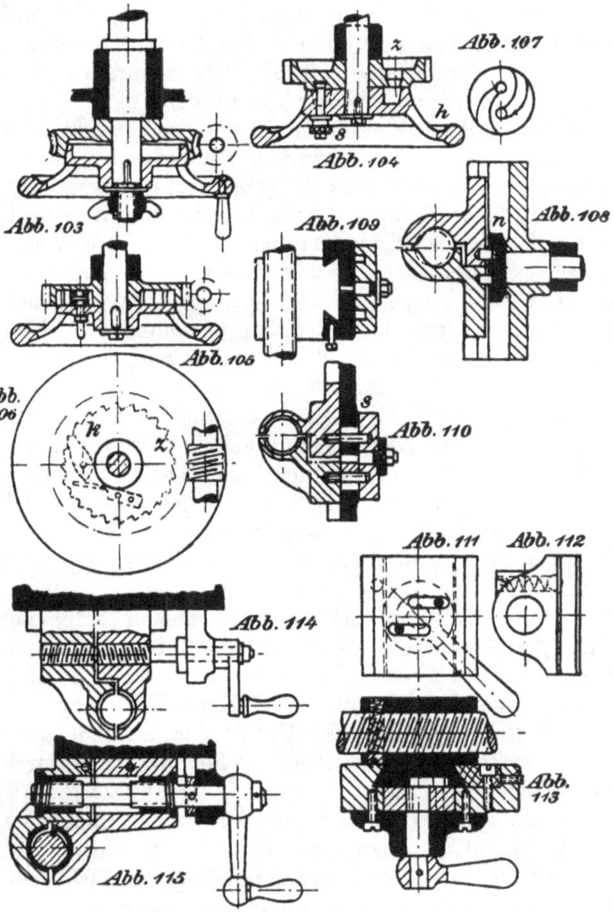
Abb. 103
z
h
s
Abb. 104
Abb. 105
Abb. 106
k
z
Abb. 107
Abb. 108
n
Abb. 109
Abb. 110
s
Abb. 111
Abb. 112
Abb. 113
Abb. 114
Abb. 115

hebel *h* angeordnete Stange durch einen Anschlag des die geradlinige Bewegung ausführenden Teils der Maschine verschoben und dadurch die Klauenkupplung *k* des lose auf der Welle *w* sitzenden Schneckenrades *s* und damit dieses ein- oder ausgerückt werden.

In Abb. 118 wird die Selbstauslösung erreicht, indem der Anschlag *a* den Hebel *h* niederdrückt und dadurch die Zahnkupplung *z* des antreibenden Schneckenrades ausrückt.

γ) Wird die *Schnecke ausgerückt*, so kann dies nach Abb. 119 geschehen, indem der Tischanschlag *a* den Hebel wie gezeichnet dreht, wodurch die an dem drehbaren Hebel *b* gelagerte Schnecke freigegeben wird, sich nach unten bewegt und außer Eingriff kommt. Der Eingriff wird durch den Handhebel *n* bewirkt, der in den zweiarmigen Hebel eingreift.

In Abb. 120 wird ebenfalls die Schnecke *s*, die in einem in *o* gelagerten Hebel *h* gelagert ist, durch die Feder *f* aus dem Eingriff mit dem Schneckenrad *r* gezogen, wenn der doppelarmige, als Riegel ausgebildete Hebel *k* durch einen Anschlag *a* gedreht wird, so daß er den Hebel *h*, der einen Ausschnitt zum Eingreifen von *k* besitzt, freigibt.

In Abb. 121 wird die Ausrückung einer Kupplung durch den Anschlag *a* bewirkt, der den Stift *s* und durch ihn den Hebel *g* herunterdrückt, wodurch eine auch durch den Handhebel *h* aus- und einrückbare Kupplung ausgerückt wird. Die Lage des Hebels *g* im ein- oder ausgerückten Zustand wird mittels des Federbolzens *f* durch Verriegelung gesichert.

In ähnlicher Weise lassen sich Reibungskupplungen durch Anschläge ausrücken. Ein Beispiel dafür gibt Abb. 122, wobei die Ausrückung der längsverschieblichen Kegelkupplung *k* aus dem lose auf der hohlen Antriebs-

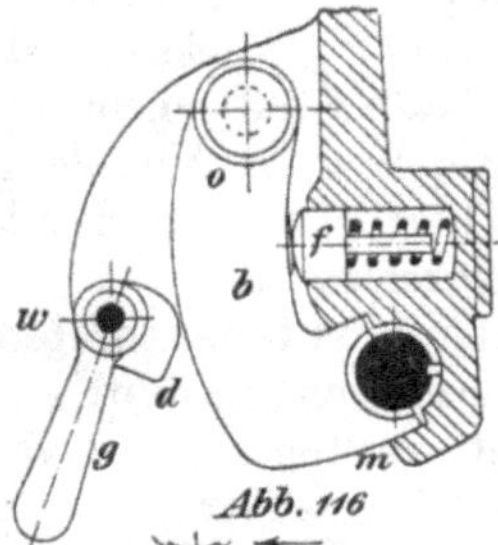

Abb. 116

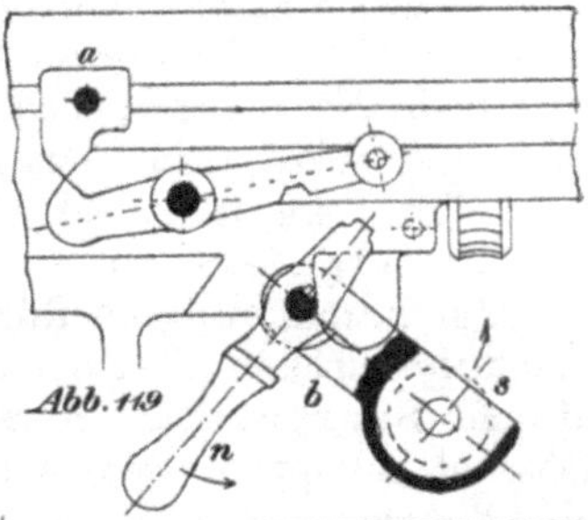

Abb. 119

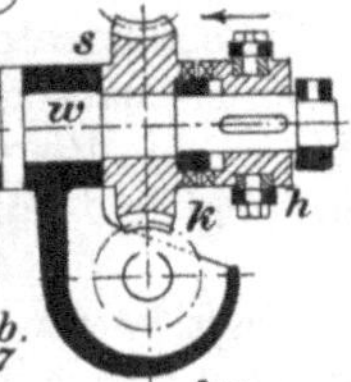

Abb. 117

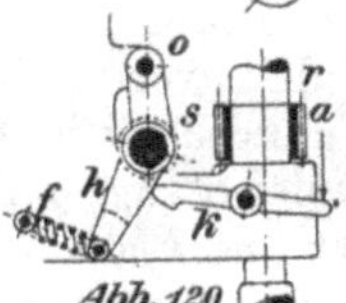

Abb. 120

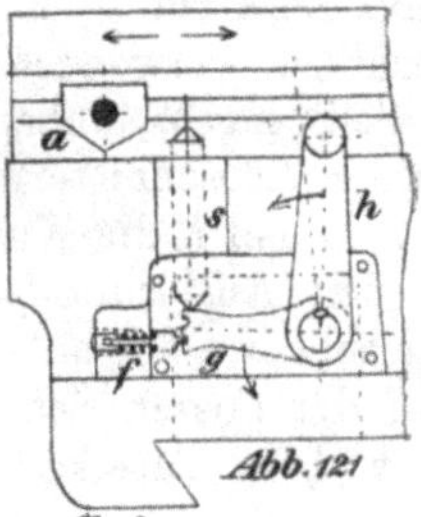

Abb. 121

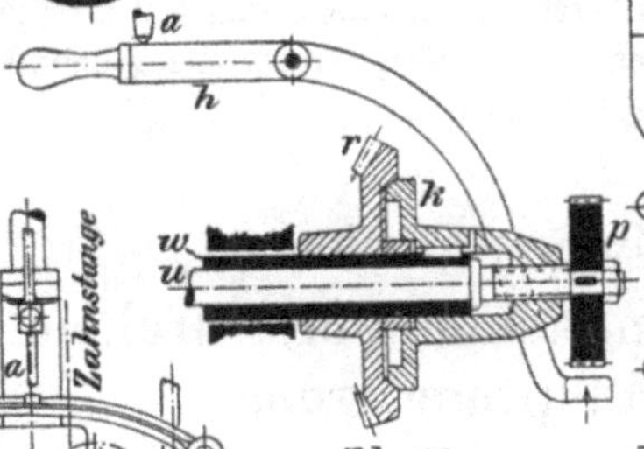

Abb. 122

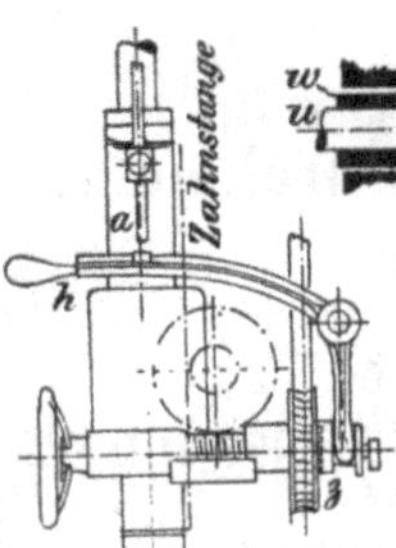

Abb. 118

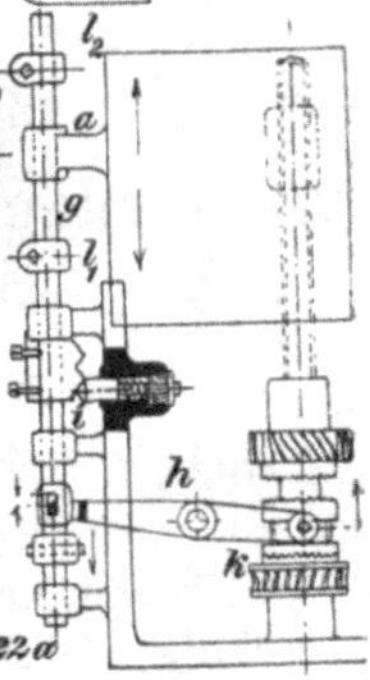

Abb. 122a

welle *w* sitzenden Zahnrad dadurch geschieht, daß das Sperrad *p* durch Eingreifen des durch Anschlag *a* niedergedrückten Hebels *h* an seiner Drehung gehindert wird, wodurch die Kupplung *k*, die als Mutter auf einem Gewinde sitzt, gelöst wird. Das Anziehen der Kupplung erfolgt durch ein nicht dargestelltes Handrad, durch dessen Drehung die Schraube *u* gedreht wird.

d) **Für beschleunigten Rücklauf und langsameren Vorschub** wird häufig die Kombination von Schraubenrad und Schnecke als Antrieb verwendet, die abwechselnd gekuppelt werden nach der Anordnung in Abb. 122a, wie sie Reinecker bei einer Zahnstangenfräsmaschine verwendet. Hier verschiebt der Tischanschlag *a* die Stange *g*, wobei ähnlich wie in Abb. 121 ein Riegel *i* in den Ausschnitt auf der Stange *g* einspringt und durch den Hebel *h* die Kupplung *k* ausrückt.

Die Auslösung beim Arbeitsgang erfolgt, wenn der Riegel *i* auf der unteren, beim Rücklauf, wenn er gerade auf der oberen Schneide steht, wobei die Anschläge l_1 bzw. l_2 in Tätigkeit treten.

Zweiter Abschnitt.

Werkzeugmaschinen mit drehender Hauptbewegung.

A. Die Drehbänke.

I. Zweck, Arbeitsweise, Einteilung und Anforderungen an Drehbänke.

Der Zweck der Drehbänke besteht in der genauen Herstellung ebener, zylindrischer, kegel-, kugel- und schraubenförmiger Flächen; auch elliptische Körper lassen sich auf ihnen bearbeiten, wenn besondere Hilfseinrichtungen vorhanden sind, so daß Drehbänke für eine außerordentlich große Anzahl von Arbeiten brauchbar sind.

1. Das Werkstück macht in den meisten Fällen die rotierende Hauptbewegung, das Werkzeug erhält die Schaltbewegung, die entweder parallel oder senkrecht zu der Maschinenachse erfolgen kann.

a) Bei parallelem Vorschub besteht die Arbeit vorwiegend in der Herstellung zylindrischer Flächen. Dieser Vorgang heißt Langdrehen.

b) Bei senkrechtem Vorschub dagegen, dem Plandrehen, handelt es sich meist um das Abdrehen von Stirnflächen oder Ausbohren von Arbeitsstücken geringer Längenabmessungen, aber von großem Durchmesser, wie bei Riemen- und Seilscheiben, Schwungrädern usw.

c) Neben diesen Hauptarbeitsweisen aber ermöglicht die Drehbank noch eine große Anzahl anderer Bearbeitungsweisen, sog. Spezialarbeiten, die teils Abarten, teils Verbindungen der schon genannten darstellen und die nur durch Abänderungen des Werkzeugträgers ausführbar sind.

d) Erfolgt der Vorschub geneigt zur Drehachse, so lassen sich konische Flächen erzeugen, die jedoch an Genauigkeit zu wünschen übrig lassen und besser auf besonderen Fassondrehbänken hergestellt werden, besonders wenn Massenerzeugung in Frage kommt.

e) Die Herstellung kugelförmiger und gewölbter Flächen (Passig- und Balligdrehen) erfordert einen kurvenförmigen Vorschub, wobei das Werkzeug gleichzeitig in der Längs- und Planrichtung zu verschieben ist. Für unrunde und ovale Querschnitte und die zu ihrer

Bearbeitung erforderlichen Herstellungsmethoden, wie sie z. B. beim Hinterdrehen von Fräsern vorkommen, muß sich eine abwechselnde Vor- und Rückwärtsbewegung des Vorschubes und daneben, wenn außer radialer noch seitliche Bewegung Bedingung ist, auch drehende Bewegung des Werkzeugs ermöglichen lassen.

Für gewisse Arbeiten, wie Gewindschneiden, muß das Werkzeug stets auf die richtige Tiefe des Gewindeganges einzustellen sein und raschen Vorschub gestatten.

f) Für Sonderzwecke z. B. bei der Bearbeitung von Kurbelwellen, führt das Werkzeug die Hauptbewegung und den Vorschub aus, während das Werkstück ruht.

Neben der Möglichkeit der Haupt- und Schaltbewegung hat die Drehbank noch eine Reihe anderer Forderungen zu erfüllen, um sie für verschiedene Arbeitszwecke brauchbar zu machen.

2. Abgesehen davon, daß der Vorschub von Hand und selbsttätig erfolgen muß, macht das Abheben starker Späne, das Schruppen und das schwächerer, das Schlichten, verschiedene Schnittgeschwindigkeiten nötig. Bei abnehmendem Durchmesser des zu bearbeitenden Werkstücks muß eine Beschleunigung des Vorschubes eintreten, falls dieselbe Schnittgeschwindigkeit erzielt werden soll.

Der Vorschub muß ferner unter Umständen selbsttätig an bestimmten Stellen aufhören, sich mit erhöhter Geschwindigkeit selbsttätig zurückführen lassen, wie auch unter Umständen ein schneller Wechsel der Schnittgeschwindigkeit gefordert wird.

3. Zur Erreichung aller dieser Zwecke muß der mechanische Aufbau und die konstruktive Ausführung auch auf die nötige Starrheit Rücksicht nehmen, so daß die

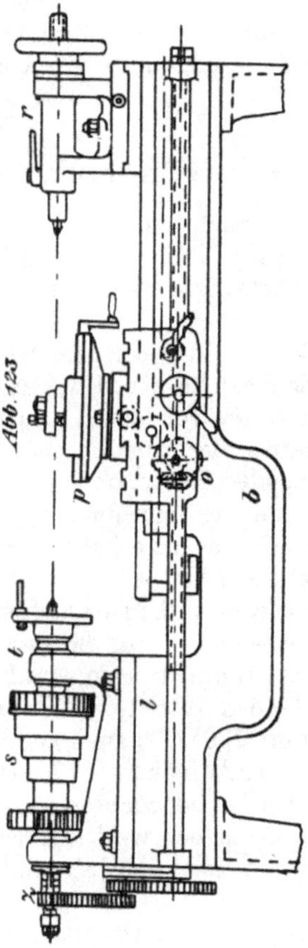

Abb. 123

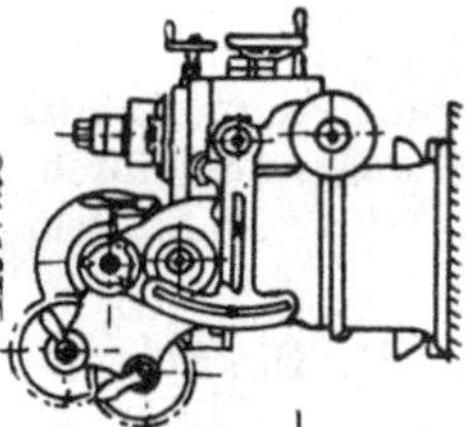

Abb. 125

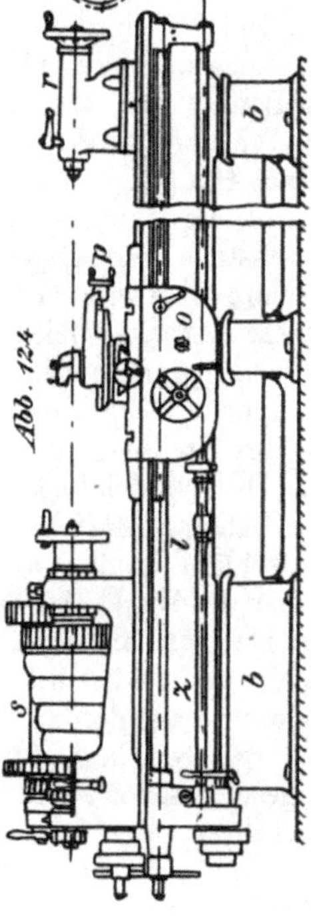

Abb. 124

Genauigkeit der Arbeit nicht unter elastischen Formänderungen der Einzelteile leidet, und die Abnutzung der kraftübertragenden Teile darf keinen übergroßen Arbeitsaufwand erforderlich machen. Auch die Gleichförmigkeit des Ganges muß durch gutes Zentrieren der sich drehenden Teile gewahrt bleiben.

II. Die Spitzen- oder Supportdrehbank.

1. Bei der Supportdrehbank macht das Werkstück die rotierende Hauptbewegung. Das auf dem Werkzeugträger, dem Support befestigte Werkstück die Schaltbewegung.

Ihre Hauptteile sind (Abb. 123—125) der dem Werkstück die Bewegung erteilende Spindelstock *s*, der die Antriebsteile und diejenigen trägt, von denen aus der Vorschub abgeleitet wird, ferner der zum Einspannen längerer Arbeitsstücke dienende Reitstock *r*, der Support *p*, dem die Einspannung und Führung des Werkzeugs obliegt, und endlich das zum Tragen aller Teile der Drehbank dienende Bett *b*.

2. Der **Spindelstock** ist in seinem Aufbau als Antriebsmittel schon S. 24ff. behandelt worden. Für die Zwecke der Drehbank muß er außerdem Einrichtungen zum Einspannen des Werkstücks und für den Antrieb der Wechselräder besitzen. Er besteht (Abb. 126, 127) aus zwei miteinander verbundenen Lagern *l* zur Aufnahme der Arbeitsspindel und aus den an Armen *a* befindlichen Lagern für die Vorgelegewelle *v*. Der Spindelstock wird in offener und geschlossener Form, d. h. mit und ohne Lagerdeckel ausgeführt.

a) Die **Lager** für die Arbeitsspindel müssen lang und nachstellbar ausgeführt werden, um bei eintretender Abnutzung toten Gang zu vermeiden. Zur Erleichterung der Nachstellung hat man die verschiedensten Ausführungsformen der Lager gewählt.

Die Arbeitsspindel *p* muß möglichst kurz und kräftig gehalten werden, um durch den in ihrer Achsenrichtung wirkenden Druck keine Durchbiegungen und Federungen zu erleiden.

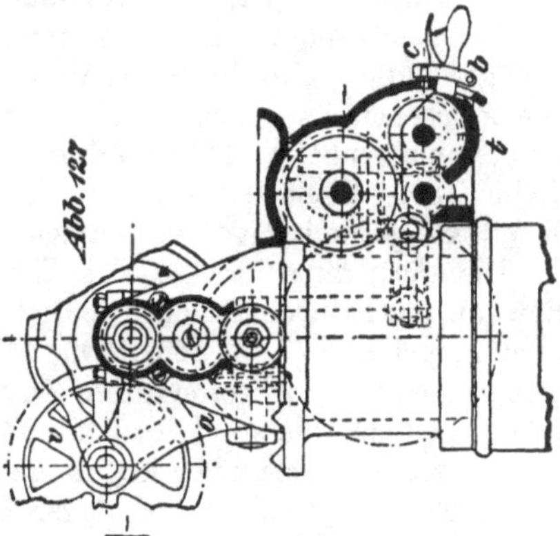

Abb. 127

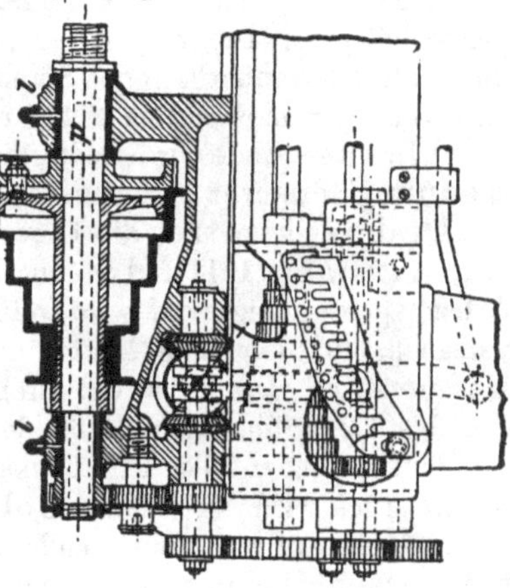

Abb. 126

Zylindrische **Zapfen** (Abb. 128) finden vorzugsweise dann Anwendung, wenn, wie beim Plandrehen allein, kein axialer Druck zu befürchten ist. Beim Drehen zwischen den Spitzen sind konische Lagerungen (Abb. 129) vorzuziehen, die eine konzentrische Nachstellung gestatten. Häufig findet man das nach dem Reitstocke hingelegen, stärker belastete

Hauptlager mit konischen, das hintere, sog. Schwanzlager mit zylindrischen Zapfen versehen, wobei ersteres meist zum Nachstellen in der Spitzenhöhe dient.

Die Laufzapfen der Arbeitsspindel müssen gehärtet und geschliffen sein, ihre Schmierung erfolgt, je nachdem die konischen Lagerschalen oben oder unten geschlitzt sind, von oben (Abb. 129) oder durch Filzkissen von unten (Abb. 130). Vielfach werden, besonders für die Hauptlager, Ringschmierlager verwendet.

Die Aufnahme des axialen Drucks geschieht am Schwanzlager durch Druckringe, gehärtete Gegenspitzen oder Kugellager (Abb. 128, 130). Die Druckringe legen sich gegen hinten aufgeschraubte Muttern (Abb. 128, 130) oder gegen ein Querstück, das durch Stehbolzen mit dem Spindelkasten verbunden ist, in diesem wird auch oft eine sich gegen das Schwanzlager abstützende Druckplatte gelagert. Die Kugellager (Abb. 128) finden sich innerhalb oder außerhalb des Spindelkastens angeordnet, also vor oder hinter dem Schwanzlager.

b) Das freie Ende der Arbeitsspindel trägt für die **Einspannung längerer Arbeitsstücke** den Körner oder die Drehbankspitze, die entweder einen Sechskantkopf trägt (Abb. 131) und in eine konische Bohrung der Arbeitsspindel eingesetzt wird, oder sie ist mit Gewinde versehen, auf dem eine Mutter gegen die Spindel verschraubt wird. Die Achse der Drehbankspitze liegt etwa 1 m bis 1,2 m über dem Fußboden.

Dem zwischen die Drehbankspitzen eingespannten Arbeitsstück wird durch einen Bolzen *b* (Abb. 129, 132), der in einer auf das Spindelende aufgeschraubten Mitnehmerscheibe *m* befestigt ist, die drehende Bewegung erteilt, indem er das auf dem Arbeitsstück *a* befestigte Drehherz *h* (Abb. 133, 134, 135) vor sich her

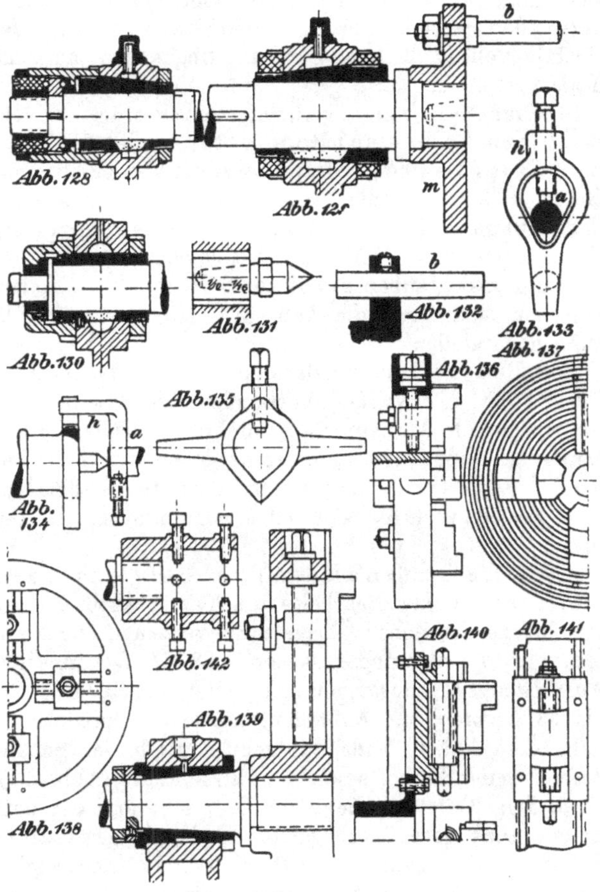
Abb. 128
Abb. 129
b
m
h
a
Abb. 130
Abb. 131
1/2 – 1/16
b
Abb. 132
Abb. 133
Abb. 137
Abb. 136
Abb. 135
h
a
Abb. 134
Abb. 142
Abb. 140
Abb. 141
Abb. 139
Abb. 138

schiebt. Zur Verbesserung dieser Drehherzformen, die sich nicht für alle Querschnittsformen der Werkstücke verwenden lassen, werden vielfach abweichende, der Gestalt von Feilkloben, Schraubzwingen usw. ähnliche Teile verwendet.

Die für die Befestigung kürzerer Arbeitsstücke dienenden Planscheiben und Bohrfutter werden (Abb. 136 bis 142) auf Gewinde des Spindelzapfens aufgeschraubt. Entweder enthalten die Planscheiben nur Aussparungen und Öffnungen, in denen Klammern zur Befestigung des Werkstücks angeordnet sind, oder sie sind mit einer Anzahl durch Schrauben radial verstellbarer Spannbacken versehen, von denen die Abb. 136—141 einige Ausführungen darstellen.

Die Bohrfutter, von denen das sog. Achtschraubenfutter (Abb. 142) vielfach verwendet wird, kommen besonders für die Aufnahme auszubohrender Teile zur Anwendung. Neben diesem, im wesentlichen eine Hülse bildenden Futter sind, wie erwähnt, auch die verschiedensten Formen von Backen- oder Klemmfuttern in Gebrauch.

Der mit Schrauben auf dem Bett befestigte Spindelstock wird für die Bearbeitung schwerer Arbeitsstücke mit bis zu dreifacher Übersetzung versehen, für leichtere mit doppelter und einfacher S. 23, 27. Die Ein- und Ausrückungsvorrichtungen sind schon S. 29, Abb. 30 bis 33 besprochen. Außerdem trägt der Spindelstock nahe dem linken Ende ein zum Antrieb der Schaltbewegung des Supports bestimmtes Zahnrad *z* (Abb. 123).

3. Der **Reitstock** dient zur Unterstützung der dem Spindelstock gegenüberliegenden Enden längerer abzudrehender Gegenstände, die durch den im Reitnagel *n* (Abb. 143, 144, 145) befestigten Körner *k* eingespannt werden. Zum Anstellen des Körners ist der Reitnagel mit Gewinde versehen. Man führt die Reitstöcke mit Außen- und auch mit Innengewinde aus. Im ersteren Falle (Abb. 143, 145) erfolgt die Verstellung der durch Nut und Feder an der Drehung gehinderten Reitnagelpatrone *n* durch ein in der Nabe mit Gewinde versehenes Handrad, wobei die Patrone am linken Ende in der geschlitzten Hülse des Reitstocks durch eine Schraube *s* festgeklemmt werden kann.

Große Reitstöcke erhalten vielfach Innengewinde, wobei die durch Handrad drehbare Spindel (Abb. 146) innerhalb der hohlen, mit Innengewinde versehenen Patrone *p* gelagert ist, also keine Längsbewegung ausführt. Auch hier wird die Lage des eingestellten Körners durch Festklemmen der Patrone gesichert. Die Grobeinstellung des Körners geschieht durch Verschiebung des Reitstocks auf dem Bett der Drehbank, wo er in der richtigen Lage ebenfalls durch Schrauben festgestellt werden muß. Für diesen Zweck können Bügel *b* (Abb. 143. 144) verwendet werden, wobei eine bessere Festklemmung dadurch erreicht wird, daß eine oder beide Druckflächen des Bügels sich gegen eine abgeschrägte Bettführung legen (Abb. 147). Bequemer ist die Feststellung durch Drehung einer im Reitstock gelagerten exzentrischen Welle *w* (Abb. 148, 149), wodurch der Bügel gegen das Bett gepreßt wird.

Neben der Längsverschiebung muß der Reitstock aber auch quer zum Bett verstellt werden können, um, wie z. B. beim Konischdrehen erforderlich, die Achse des Reitstockkörners gegen die des Spindelstocks seitlich zu verschieben. Zu diesem Zweck wird noch eine besondere verschiebbare Bettplatte *p* (Abb. 150) angeordnet. Die seitliche Verstellung geschieht zweckmäßig durch eine am Reitstockkörper gelagerte Spindel *i*, die in einer Mutter *m* an der Bettplatte geführt ist, wobei die Platte *p* auf dem Bett *b* festgestellt werden kann, so daß der eigentliche Reitstock auf ihr verschiebbar bleibt. Abb. 151 zeigt den Reitstock einer Wellendrehbank von Ernst Schieß, Düsseldorf, in klarer Weise.

Nach dem Gesagten muß also der Reitstockkörper drei Bewegungen ausführen können, die Grobeinstellung durch Verschieben des ganzen Reitstocks, die Feineinstellung durch die Patrone und die Querverschiebung auf der Bettplatte.

Bei Ausführung von Bohrarbeiten mittels des Reitstocks wird statt des Körners ein Bohrer eingesetzt.

4. Der **Support** oder **Werkzeugträger,** der für alle Dreharbeiten einstellbar sein muß, besteht (Abb. 152, 153) aus dem Untersupport, dem Obersupport und dem Messer- oder Stichelhaus. Der Untersupport setzt sich zusammen aus dem Bettschlitten *b*, der am Drehbankbett *t* geführt und durch eine Spindel zu verstellen ist, also den Vorschub beim Längsdrehen erzeugt und dem auf dem Bettschlitten quer verstellbaren Quer- oder Planschlitten *q* für den Vorschub beim Plandrehen. Der Obersupport gestattet die verschiedenen Arbeitsstellungen des Drehstahls und besteht aus dem in einer kreisförmigen Nut des Querschlittens *q* drehbaren Drehteil *d*, auf dem sich der Drehteilschieber oder Werkzeugschlitten *w* durch Schraube und Mutter verstellen läßt. Der Werkzeugträger *s* endlich ist um eine vertikale Schraube auf dem Werkzeugschlitten drehbar. Abb. 154 zeigt den Support einer Räderdrehbank.

Während der Werkzeugschlitten durch seine Stellung das Anstellen, Nachstellen und Zurückschieben des Stahls vermittelt, gestattet der Drehteil das zum Konischdrehen

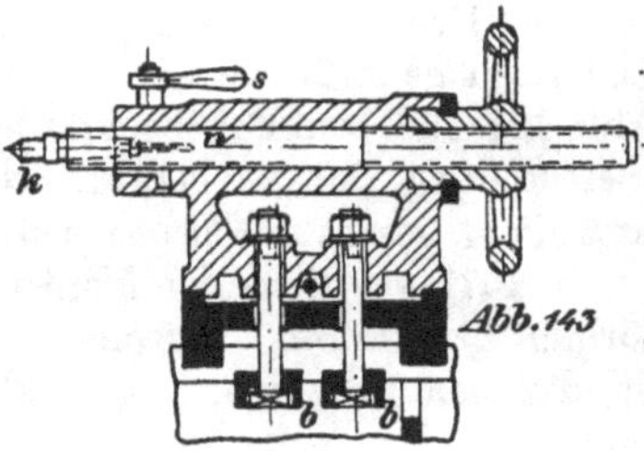

Abb. 143

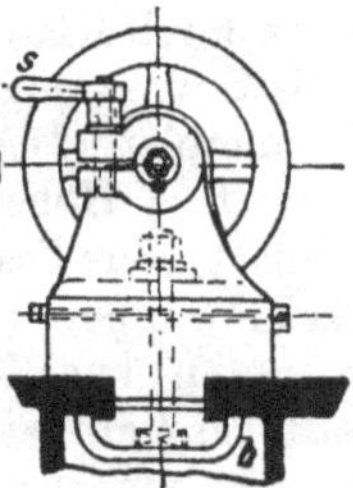

Abb. 144

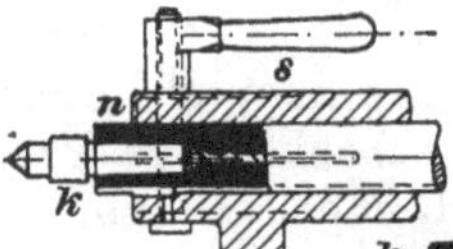

Abb. 145

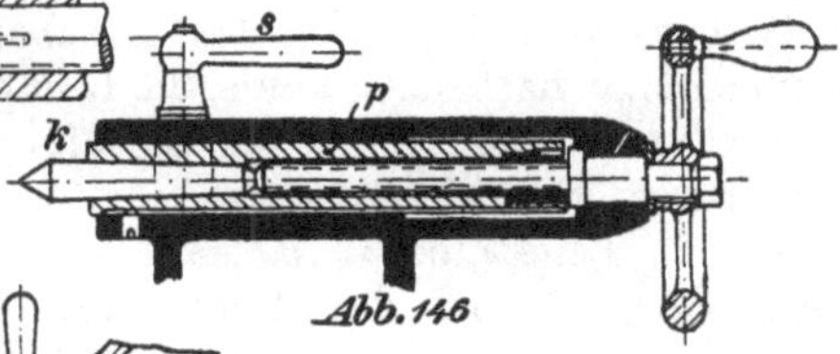

Abb. 146

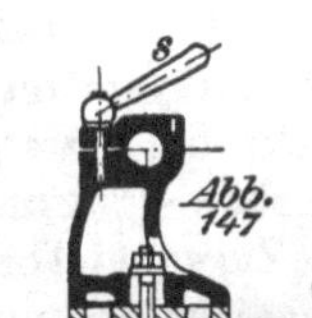

Abb. 148

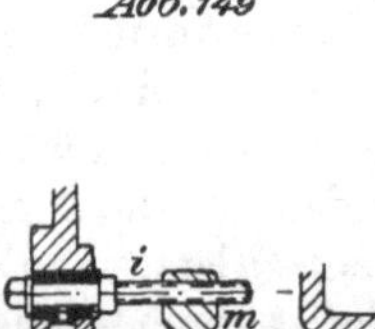

Abb. 149

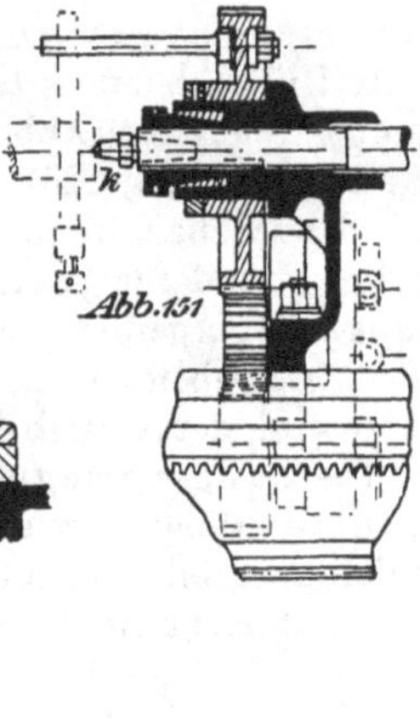

Abb. 151

Abb. 147

Abb. 150

erforderliche Schrägstellen des Stahls, der im Messerhaus entweder durch Klaue *k* und Druckschraube *d* (Abb. 152) gegen den Werkzeugschlitten gepreßt wird, oder durch eine Klemmplatte *l* (Abb. 155, 156) und Druckschraube *d*. Eine leichtere Höheneinstellung des Drehstahls, wenn auch keine bessere Feststellung, gestattet der sog. amerikanische Support (Abb. 157), bei dem der Meißel auf einem unten kugelförmig gestalteten, verschiebbaren Meißelsteller *l* aufliegt, der sich auf einen, das drehbare Messerhaus umgebenden Ring *r* legt, wie auch aus Abb. 158, 159 ersichtlich.

Die Längsbewegung des ganzen Supports erfolgt entweder durch eine neben dem Drehbankbett gelagerte Spindel *l* mit flachem Gewinde, die Leitspindel (Abb. 123, 153) oder, je nach der Art der auszuführenden Arbeiten, durch zwei parallele Spindeln *l* und *z* (Abb. 124) deren obere, die Leitspindel *l*, flaches Gewinde besitzt und für den Vorschub bei der Herstellung von Schraubengewinden benutzt wird, deren untere, die Zugspindel *z*, glatt und auf ihrer ganzen Länge genutet ist und für die Ausführung anderer Dreharbeiten dient.

5. Hiernach unterscheidet man die Drehbänke in **Leitspindeldrehbänke** (Abb. 123), und **Leit- und Zugspindelbänke** (Abb. 124, 125). Beide Ausführungsarten müssen jedoch auch die Querbewegung des Supports gestatten, und es muß dafür gesorgt werden, daß wenn die letztere Bewegung ausgeführt werden soll, die Längsbewegung unmöglich ist, ebenso muß, falls zu letzterer die Zugspindel benutzt wird, der Antrieb der Leitspindel ausgeschaltet sein.

Die Längsbewegung des Supports durch die Leitspindel erfolgt durch eine sie umfassende, als Mutterschloß ausgebildete Mutter (vgl. Abb. 107—115, S. 61), die durch einen Hebel vermittels einer der besprochenen

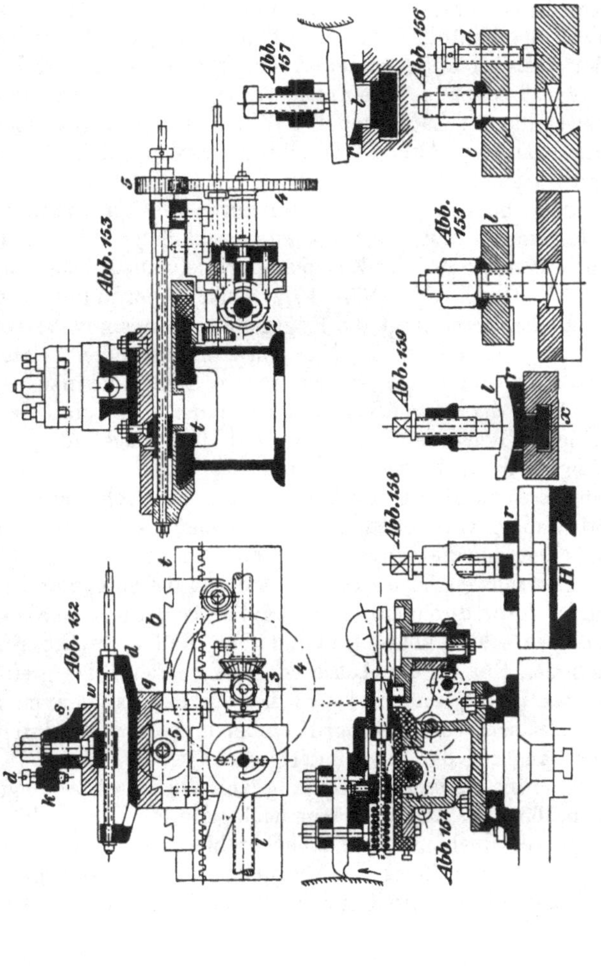
Abb. 152
Abb. 153
Abb. 154
Abb. 155
Abb. 156
Abb. 157
Abb. 158
Abb. 159

Einrichtungen geöffnet oder geschlossen werden kann, wobei eine am Bettschlitten befestigte Platte *o* (Abb. 123, 124), die **Schloßplatte**, zum Schutz und zur Lagerung der noch zu erläuternden Antriebsmittel dient, die bei älteren Drehbänken aber nicht vorhanden ist. Die Längsbewegung des Supports bei geöffnetem Schloß geschieht durch eine in Abb. 152 und 160 sichtbare Zahnstange mittels einer Handkurbel.

Soll die Längsbewegung durch die Zugspindel erfolgen, so ist zunächst das Mutterschloß der Leitspindel zu öffnen, worauf der Zugspindelantrieb einzurücken ist.

α) Nach Abb. 160—162, einer Anordnung von *J. E. Reinecker* trägt die längsgenutete Zugspindel *z* ein Rohr *r* mit einer in die Nut von *z* eingreifenden Leiste, so daß *z* und *r* sich nur zusammen drehen können.

Auf *r* sitzen zwei Kegelräder z_1 und z_2, die durch Verschieben längs der Zugspindel mit dem Kegelrad z_3 in Eingriff gebracht werden können, so daß sich z_3 rechts oder linksherum drehen kann. Mit z_3 ist (Abb. 162) ein Stirnrad z_4 verbunden, das in ein anderes lose sitzend auf einem um die Achse von z_3 drehbaren Zapfen eingreift. Der schwenkbare Arm, an dem sich dieser Zapfen befindet, kann durch eine kleine Kurbel so gedreht werden, daß das schwenkbare Rad mit dem Rad z_5 in Eingriff kommt. Ein auf der Achse von z_5 sitzender Trieb greift in das Rad z_6 und dieses in das mit der Zahnstange *s* am Bettschlitten in Eingriff stehende Rad z_7, wodurch der Längszug der Zugspindel geschlossen ist.

β) Eine andere Einrichtung von *Hessenmüller* zeigt Abb. 163, 164. Die der Länge nach genutete Zugspindel *z* trägt verschiebbar, aber nicht drehbar die Schnecke *s* und diese, in einer am Supportschlitten befestigten Gabel *g* gelagert, greift in das Schneckenrad *t* ein. Auf der Achse von *t* sitzt ein Winkelhebel *w* mit einem Rade r_1. Durch Vermittlung des schwenkbaren Rades r_1 und der Vor-

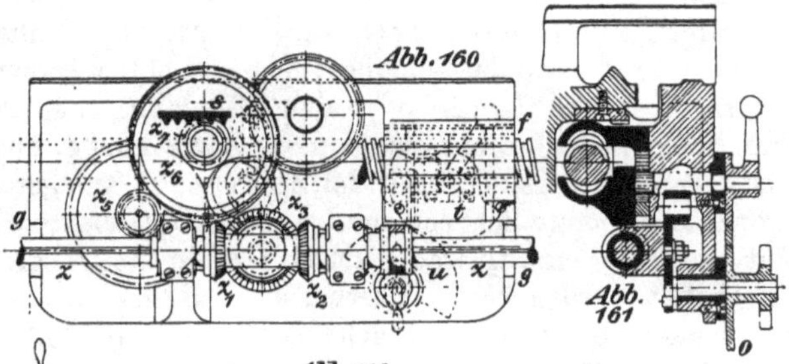

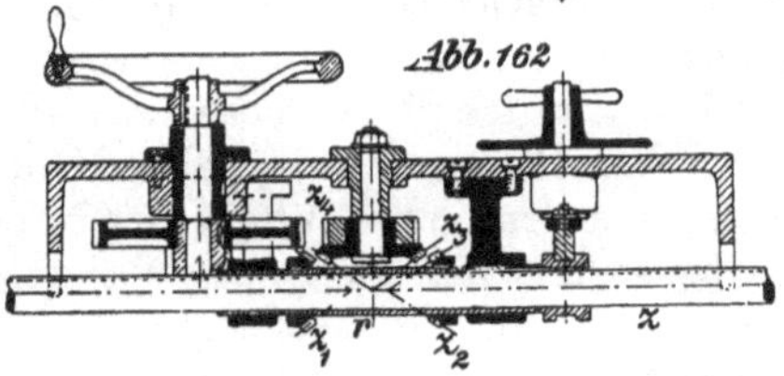

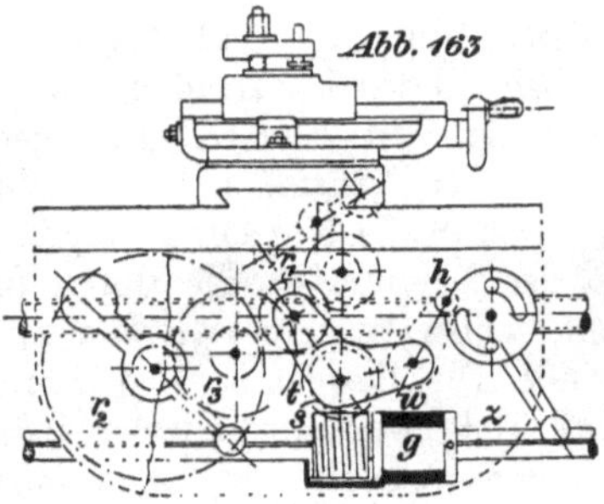

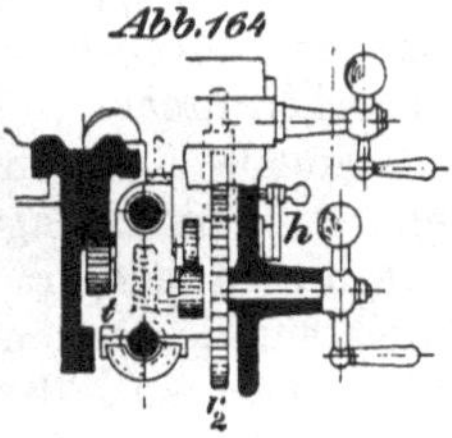

gelege r_2 und r_3 erfolgt die Bewegung des Supportschlittens durch eine Zahnstange. Der Winkelhebel *w* kann durch eine Handkurbel *h* gedreht und festgestellt werden.

γ) Eine etwas abgeänderte Anordnung zeigt eine Schloßplatte für den Längsgang der Zug- und Leitspindel von *Sattler, Berner & Co.* (Abb. 165, 166).

Durch Drehung des Hebels l wird Rechtsgang, Linksgang oder Stillstand der Schloßgetriebe erreicht, während der Hebel p den Längs- oder den Plangang einleitet. Zum Schloßantrieb dient die genutete Zugspindel z, und eine darauf verschiebbare, in der Schloßplatte gelagerte Schnecke k und ein Schneckenrad, auf dessen Nabe durch Nut und Feder ein Stirnrad m durch Drehen des Hebels l verschoben werden kann. Hierbei kann Hebel l in drei verschiedene Stellungen gebracht werden, so daß Rad m entweder mit dem gleich großen Rade n in Eingriff steht oder auf die Lücke trifft, wodurch die Schloßgetriebe ausgerückt sind oder mit dem Rade o von doppelter Breite in Eingriff kommt, das mit dem mit n auf gleicher Nabe sitzenden Rad n' arbeitet und ihm die entgegengesetzte Drehrichtung wie beim Eingriff mit Rad n gibt.

δ) Eine Schloßplatte der amerikanischen *Norton-Drehbank* zeigen die Abb. 167—169. Bei ihr ist die Leitspindel l genutet und dient beim Lang- und Plandrehen nur als Welle, während beim Gewindeschneiden das Gewinde der Leitspindel benutzt wird. Der Längszug geht von der Schnecke s_1 aus, der Planzug von s_2. Die Schnecken drehen sich durch in die Nut der Leitspindel eingreifende Keile mit der Leitspindel, die durch die Schnecken hindurchgeht, wobei letztere zwischen zwei Mitnehmern gelagert sind. Die Bewegung wird von s_1 durch ein Schneckenrad und zwei Stirnräder auf das Zahnstangenrad z übertragen, wodurch Längszug erfolgt. Das Schneckenrad ist mit der Welle des Stirnrades z_1 durch die Reibungskupplung k_1 verbunden, die durch Drehung der Mutter m_1 gelöst wird; dadurch wird der

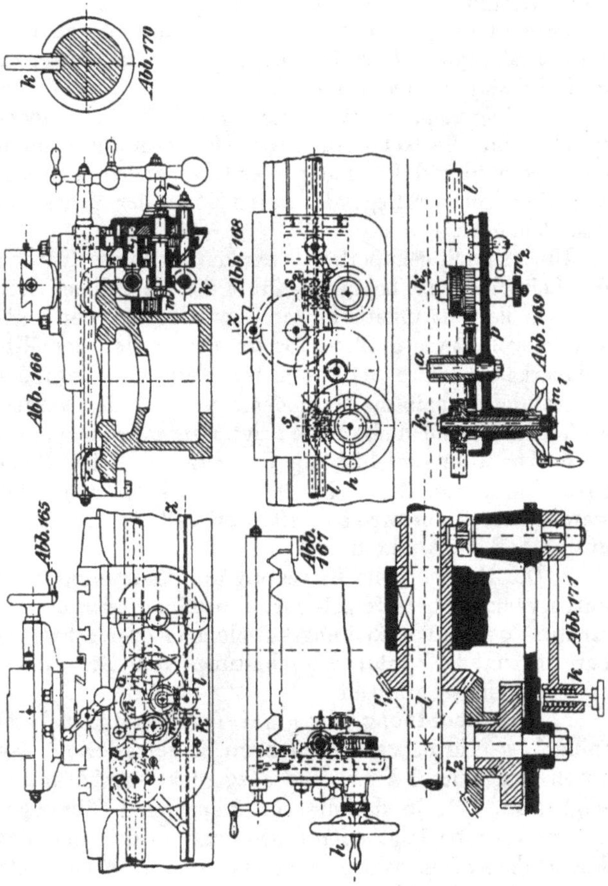

Abb. 165. Abb. 166. Abb. 167. Abb. 168. Abb. 169. Abb. 170. Abb. 171.

Längszug abgestellt und der Support kann auf dem Bett durch Drehung des Handrades *h* eingestellt werden. Das Schneckenrad s_2 ist mit seiner Welle auch durch eine Reibungskupplung k_2 verbunden, die durch die Mutter m_2 geöffnet und geschlossen wird.

Die Übertragung der Bewegung auf die Schraubenspindel im Bettschlitten geschieht ebenfalls durch Schneckenrad und Stirnräder. Der Übergang vom Längszum Plandrehen erfolgt also durch Lösen der Mutter m_1 und Schließen von m_2.

Um vielfach geäußerten Bedenken gegen die Nutung der Leitspindel zu begegnen, führt die Maschinenfabrik Union die Nut innerhalb der Gewindegänge der Leitspindel von etwas größerer Breite aus, so daß der Mitnehmerkeil *k* (Abb. 170) nur im Kern des Gewindes gleitet und deshalb die Gewindegänge durch den vorbeischleifenden Keil nicht beschädigt werden können.

6. Die **Querverschiebung** des Supports, der Plangang, kann von der Leit- oder Zugspindel abgeleitet werden, wobei Vorsorge zu treffen ist, daß der Längsgang ausgeschaltet ist und umgekehrt.

7. Die **Ableitung der Bewegung des Planganges** kann durch verschiebbare Kegel- oder Stirnräder, ausrückbare Klemm- oder auch Reibungskupplungen oder schwenkbare Stirnräder unter Einschaltung von Stirnräder-Wendegetrieben erfolgen.

a) Die Anordnung eines auf der genuteten Leitspindel *l* geführten **verschiebbaren Kegelrades** r_1, das durch eine Kurbel *k* ein- und ausgerückt werden kann, zeigt Abb. 171, in der die zur Planspindel führenden Stirnräder betätigt oder ausgerückt werden und der Ausrückhebel *k* in beiden Stellungen an der Schloßplatte verriegelt wird. Sollen die beiden Kegelräder r_1 und r_2

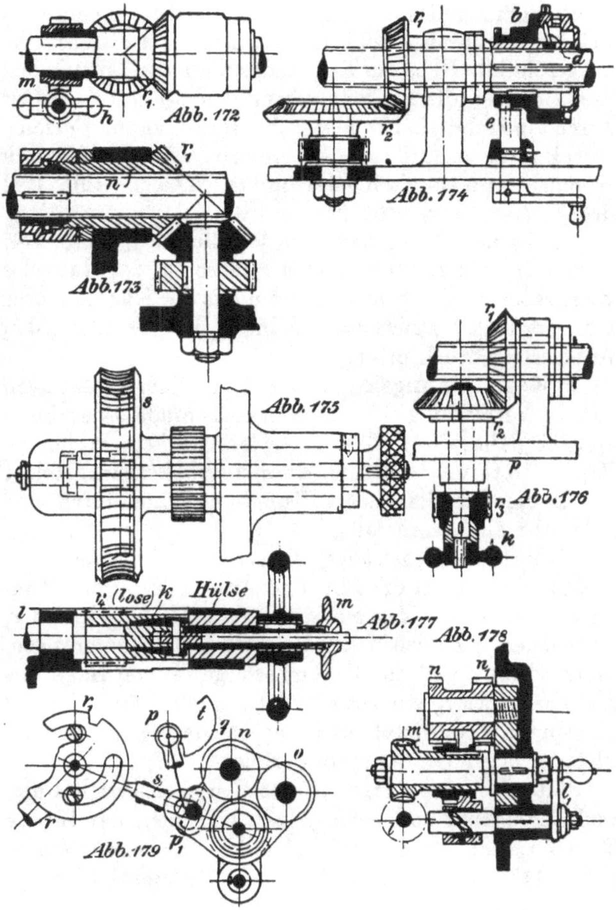
Abb. 172
m
h
r_1
Abb. 173
r_1
n
Abb. 174
r_1
r_2
b
d
e
Abb. 175
s
Abb. 176
r_1
r_2
r_3
p
k
Abb. 177
r_4 (lose)
k
Hülse
l
m
Abb. 178
n
n_1
m
l_1
l
Abb. 179
r_1
r
p
p_1
t
q
n
o
s

in stetem Eingriff bleiben, so läßt sich (Abb. 172) eine Festklemmung des Kegelrades r_1 auf der ungenuteten Leitspindel durch Anziehen einer Mutter *m* erzielen, die die geschlitzte Nabe des Kegelrades r_1 auf die Leitspindel *l* preßt, wobei die als Schraubenrad ausgeführte Mutter durch ein Handrädchen *h* gedreht werden kann. Derselbe Zweck läßt sich durch Einpressen eines geschlitzten Konus in die konisch ausgedrehte Nabe *n* (Abb. 173) des Kegelrades r_1 erreichen.

b) Bei dem Planschloß von **Wohlenberg** (Abb. 174) wird durch ein Exzenter *e* eine Büchse auf der Nabe des Kegelrades verschoben, wodurch die in der Klemmbüchse *b* angeordneten Druckstäbe *d* durch Geradestellung den Anpressungsdruck erzeugen.

c) **Kegelreibungskupplungen** als Planschloß finden sich in Verbindung mit dem Schneckenrade *s* der Planspindel (Abb. 175), das dann lose auf einem hohlen Zapfen sitzt und als eine Kupplungshälfte ausgebildet ist, in die sich die andere Kupplungshälfte durch eine Schraube einpressen läßt.

d) Statt die Kegelräder, wie erwähnt, direkt ein- und auszurücken, kann die Ein- und Ausschaltung des Planzuges auch durch das auf der Achse des Kegelrades r_2 sitzende erste Zwischenstirnrad r_3 des Planzuges erfolgen, indem (Abb. 176) in die konisch gestaltete Nabe des Zwischenrades r_3 ein Druckkegel *k* mittels einer Mutter eingepreßt wird, so daß die Mitnahme des vor der Schloßplatte *p* liegenden Stirnrades erfolgt.

Statt das erste Stirnrad des Zwischengetriebes ein- und ausrückbar zu machen, läßt sich auch der letzte Trieb r_4 auf der Planspindel *l* dazu benutzen, indem (Abb. 177) ein Konus *k* durch ein Differentialgewinde und Mutter *m* in die Nabe des sich lose auf der Verlängerung der Planspindel drehenden Triebes eingepreßt wird.

α) Wird die Planspindel von der Leitspindel statt durch ein Kegelrad durch eine Schnecke auf der Leitspindel angetrieben, so kann das auf der Schneckenradwelle (Abb. 178) sitzende erste Stirnrad des Zwischengetriebes ein- und ausgerückt werden. Zu diesem Zweck kann ein steilgängiges Gewinde, durch Handkurbel gedreht, benutzt werden, wobei die Gewindemutter sich nur verschieben kann, indem sie mit einer Gabel in eine Nut der Nabe des zu verschiebenden Stirnrades *m* faßt.

β) Die Verwendung *einschwenkbarer Zahnräder* zum Antrieb der Planspindel ist in Abb. 161, 174 dargestellt. Durch das Zwischenrad (Abb. 179) kann entweder Rad *n* mit dem den Plangang betreibenden Rad *t* oder Rad *o* durch die Zwischenräder mit der am Bett befestigten Zahnstange zum Zweck des Längsganges in Verbindung gebracht werden. Für das Umschalten sitzen die Drehbolzen der Räder *n* und *o* auf einem plattenförmigen, um die Achse des Schneckenrades pendelnden Hebel, in den der Exzenterzapfen des Hebels *p* eingreift. Der Längs- oder Plangang wird durch Drehung des Hebels *p* nach rechts oder links eingerückt.

III. Zug- und Leitspindeldrehbänke.

Bei den Zug- und Leitspindeldrehbänken muß die Planspindel von der Zugspindel aus angetrieben werden, da die Leitspindel nur zum Gewindeschneiden dient.

1. Für ein derartiges Mutterschloß müssen also folgende Einrichtungen möglich sein:

Arbeiten	Planschloß der Zugspindel	Mutterschloß der Leitspindel	Längszug der Zugspindel
Langdrehen	Öffnen	Öffnen	Schließen
Plandrehen	Schließen	Öffnen	Öffnen
Gewindeschneiden	Öffnen	Schließen	Öffnen
Support { Zurückkurbeln / Einstellen	Öffnen	Öffnen	Öffnen

2. Als **Einkupplungsmittel** kommen hier hauptsächlich in Betracht: Kegelräder-Wendegetriebe, einschwenkbare kleine Stirnräder und Kegelreibungskupplungen.

In Abb. 180 trägt die Zugspindel z eine durch Nut und Feder geführte Hülse h mit zwei Kegelrädern r_1 und r_2, die in ein drittes r_3 eingreifen, also eine Wendegetriebe bilden. Der Plangang wird durch die Triebe r_4 bis r_6 betätigt. Beim Plandrehen muß das den Längszug treibende Rad eingeschaltet sein, was dadurch erreicht wird, daß ein loses Rad mit dem festen Rad r_5 beim Längsgang durch eine Kegelreibungskupplung verbunden werden kann, dabei muß Rad r_6 des Planganges ausgeschaltet werden.

In etwas anderer Weise kann das für den Antrieb von Längs- und Plangang dienende Rad als zweiseitiger Reibungskegel ausgebildet werden und durch Drehung eines auf seiner verlängerten Nabe angeordneten Handschlüssels, sowohl mit dem als Reibungskupplung ausgebildeten Antriebsrad für den Plangang, als auch mit einem zweiten Reibungskegel gekuppelt werden, wodurch der Längszug eingerückt wird.

Ein durch den Winkelhebel betätigtes Schloß für Plan- und Längsgang ist in Abb. 163 dargestellt.

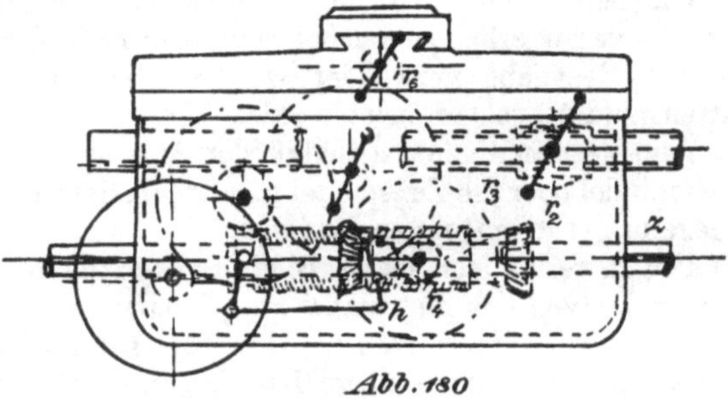

Abb. 180

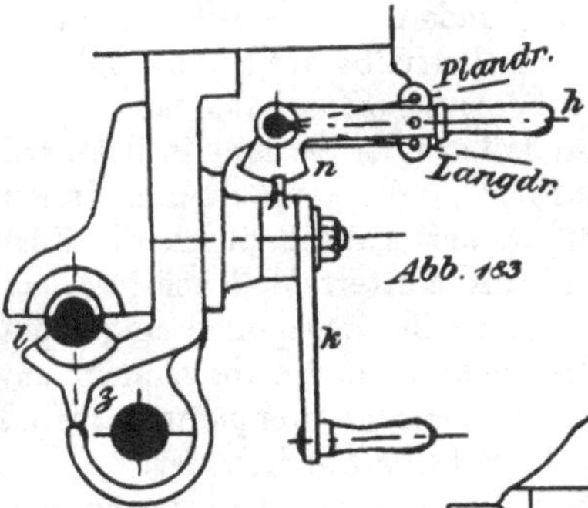

Abb. 183

Abb. 181

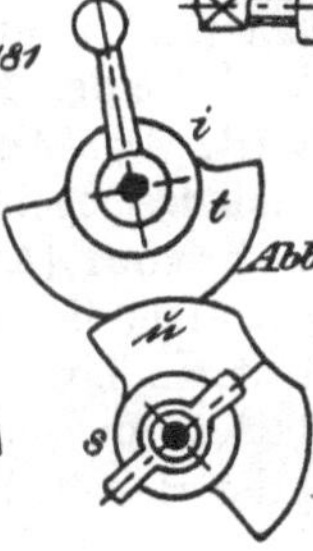

Abb. 182

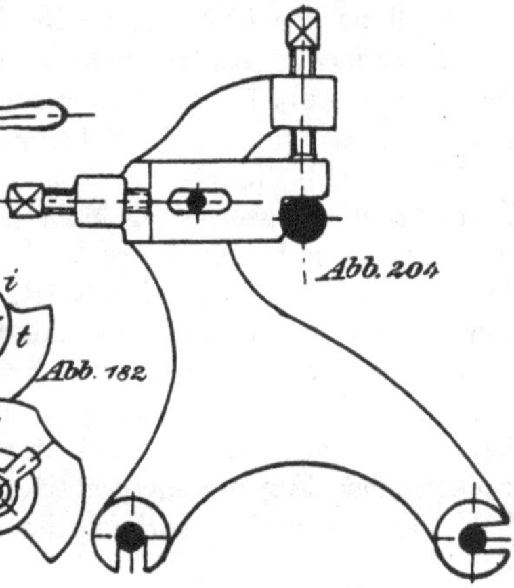

Abb. 204

3. Um beim Plandrehen die **Schnittgeschwindigkeit** des Stahles veränderlich zu machen, sind mehrfach Kegelreibungs-Radgetriebe verwendet worden, die von der Schlittenspindel aus gesteuert werden können.

4. Zum gegenseitigen Ausschluß der Antriebe durch die Leitspindel oder die Zugspindel müssen die Selbstzüge **Verriegelungsvorrichtungen** besitzen.

a) Um zu verhindern, daß z. B. die Leitspindelmutter und einer der von der Zugspindel ausgehenden Antriebe eingerückt werden kann, sind in Abb. 181, 182 mit den Wellen *i* und *s* zwei nach einem Kreisbogen gekrümmte Scheiben *t* und *u* fest verbunden. Die Scheiben besitzen einen größeren Radius als der halbe Wellenabstand von *i* und *s* beträgt. Jede dieser Scheiben hat einen bogenförmigen Ausschnitt, so daß aus der Stellung in Abb. 181 entweder nur *t* oder nur *u* verdreht werden kann. In der Stellung der Abb. 182 ist der Antrieb durch die Zugspindel ausgerückt und das Mutterschloß geöffnet. In der Stellung der Abb. 181 ist die Zugspindel eingerückt und *t* verriegelt. Andererseits kann Scheibe *u* nicht aus der Lage in Abb. 182 gedreht werden, wenn durch Schluß der Leitspindelmutter die Scheibe *t* gedreht ist.

b) In Abb. 183 wird nach einer Ausführung von Lorenz eine Nase *n* der Mutterschloßkurbel *k* in die Nut einer Scheibe am Ausrückhebel *h* der Zugspindel geführt, so daß diese verriegelt ist. Der Ausrücker wird nur bei geöffnetem Mutterschloß freigegeben.

c) Bei der Anordnung von Berner (Abb. 165, 166) greift ein Zapfen des Hebels *p* in einen Schlitz des Schiebers *s*, der nur bei offener Leitspindelmutter das Einrücken der Zugspindel gestattet, da nur dann das Schieberende in eine Kerbe r_1 der Hebelnabe *r* eintreten kann.

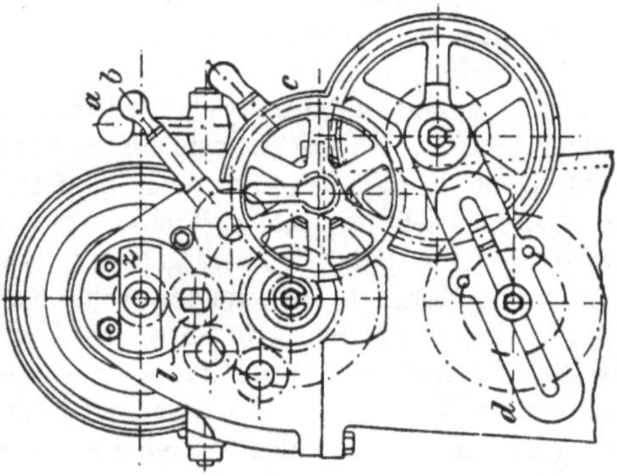

Abb. 185

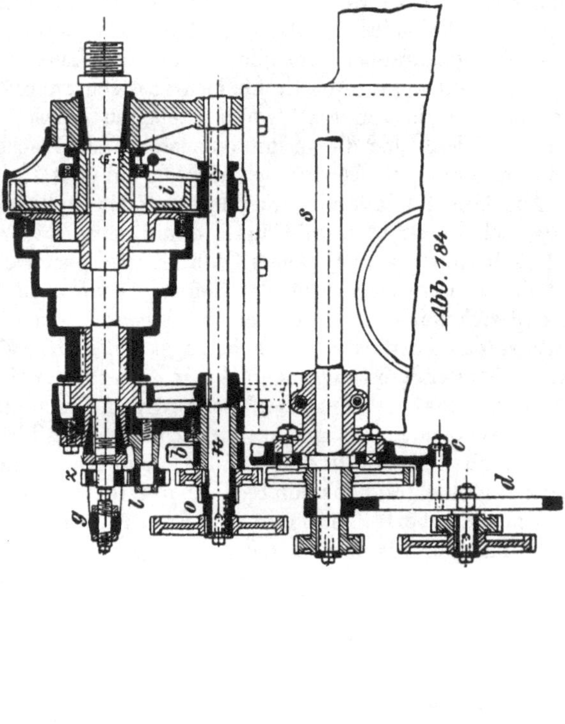

Abb. 184

5. Der **Antrieb** der **Leitspindel** erfolgt stets durch Zahnräder, derjenige der **Zugspindel** durch Riemen, Ketten oder Zahnräder (Abb. 184—187).

In Abb. 184 z. B. geschieht der Antrieb der Leitspindel durch ein kleines Zahnrad, das sich auf dem Bolzen *l* dreht. Dadurch wird durch Einschaltung eines Kehrgetriebes ein Rad gedreht, das sich mit seiner Büchse *o* frei um eine Welle *n* dreht. Die Räder des Kehrgetriebes sitzen auf dem Bolzen des Hebels *b*, der um die Achse von *n* schwingt. Die Büchse *o* ist gleichzeitig Nabe eines kleinen Zahnrades, das durch zwei an dem Schutzkorb *c* gelagerte Räder und ein auf der Leitspindel *s* festsitzendes größeres Rad die Leitspindel dreht, um selbsttätigen Längs- und Plangang hervorzubringen. Der Schutzkorb ist am linken Lager der Leitspindel befestigt, aber nach Lösen der Befestigungsschrauben um die Achse der Leitspindel drehbar. Mit *c* ist durch Stehbolzen das sich außerdem am freien Ende von *s* stützende Stelleisen *d* fest verbunden. Dieses und die an ihm einzustellenden Wechselräder werden zum Gewindeschneiden gebraucht.

Aus Abb. 185 läßt sich erkennen, daß das Stelleisen *d* nach rechts gedreht werden muß, damit seine Räder in Tätigkeit treten können. Diese Drehung wird gleichzeitig von den Zwischenrädern für den Selbstgang mitgemacht, so daß sich mit dem Einrücken der Wechselräder ohne weiteres das Ausrücken des Selbstzuges vollzieht. Wird umgekehrt der Selbstzug eingerückt, so ist der Eingriff der Wechselräder aufgehoben. Der Übergang vom Drehen zum Gewindeschneiden läßt sich in sehr kurzer Zeit ausführen.

In Abb. 186, 187 findet sich der Antrieb einer Leit- und Zugspindeldrehbank von Hessenmüller dargestellt.

Um sehr steile Gewinde schneiden zu können, betreibt man im allgemeinen die Arbeitsspindel mit Hilfe

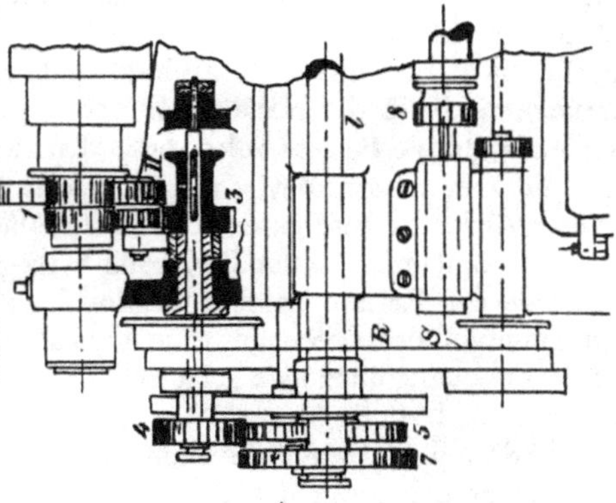

Abb. 187

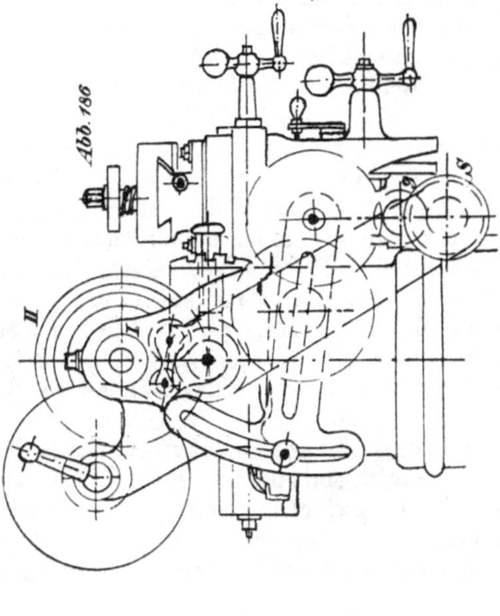

Abb. 186

des Rädervorgeleges und leitet die Schaltbewegung von der Stufenscheibe ab.

6. Für die Arbeit auf der Drehbank müssen längere Werkstücke häufig in der Nähe des Supports unterstützt werden, was durch Setzstöcke oder Lünetten geschieht, die seitlich am Bettschlitten befestigt werden. Sind Werkstücke zu bearbeiten, die eine größere Länge haben als die Spitzenweite der Drehbank beträgt, so wird an die Stelle des Reitstocks eine weitere Unterstützung auf dem Drehbankbett befestigt. Eine Anzahl verschieden artiger Setzstockausführungen zeigen die Abb. 188—203, S. 93 und Abb. 204, S. 87.

7. Das **Bett der Drehbänke** dient zum Tragen aller Teile, sowie zum Führen des Supports. Es besteht in der Regel aus zwei Längswangen, die mit ihren Querverbindungen ein rechteckiges Gußstück darstellen. Bei sehr schweren Drehbänken liegt das Bett in seiner ganzen Länge auf dem Fundament, bei leichteren erhält es Füße, die entweder angeschraubt oder besser angegossen werden, wobei zweckmäßig der größte Querschnitt des Fußes nahe dem eigentlichen Bett liegt. Bei größeren Drehbänken ordnet man nur unter dem Spindelstock oder unter diesem und dem Reitstockende Kastenfüße an, die meist als Werkzeugschränke ausgebildet werden. Zur Vergrößerung der Spitzenhöhe wird das Bett auf einem Teil seiner Länge häufig nach unten durchgekröpft und dann auch wohl ganz bis auf das Fundament herabgezogen (vgl. Abb. 123).

Die Führungen für den Spindelstock, den Reitstock und den Support liegen auf der Oberseite der Längswangen. Bei europäischen Ausführungen haben die Bettführungen meist eine flache prismatische Gestalt, auf denen der Bettschlitten liegt und die Führungen von

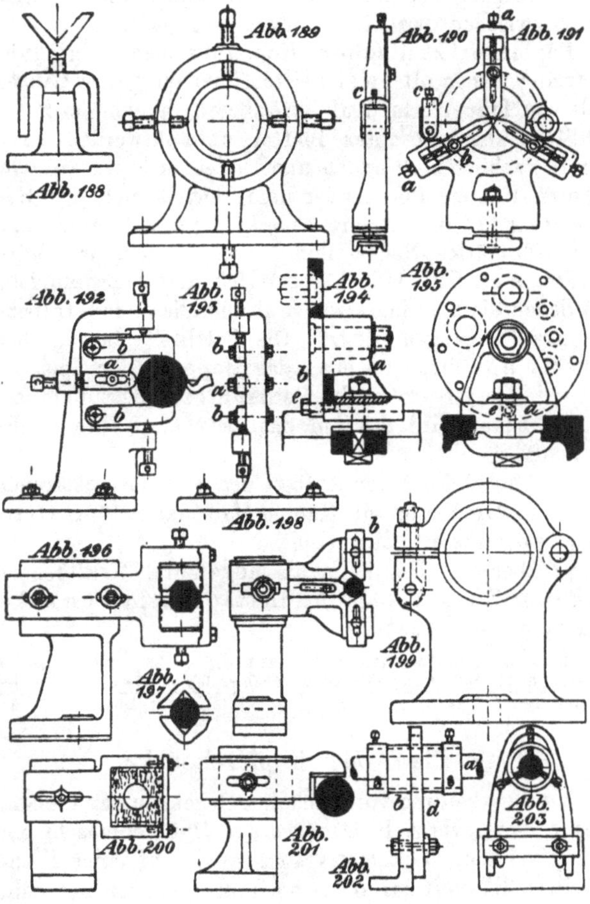
Abb. 188
Abb. 189
Abb. 190
Abb. 191
Abb. 192
Abb. 193
Abb. 194
Abb. 195
Abb. 196
Abb. 197
Abb. 198
Abb. 199
Abb. 200
Abb. 201
Abb. 202
Abb. 203

außen umgreift. Spindelstock und Reitstock werden dabei meist zwischen den Längswangen eingepaßt.

Bei amerikanischen Konstruktionen trägt jede Bettlängswange oft zwei Leisten über die ganze Länge, jede von Trapezform. Auf den äußeren, die von am Bettschlitten angeschraubten Platten umfaßt werden, ruht der Bettschlitten. Spindel- und Reitstock liegen auf den inneren Leisten auf. Außer dem Vorteil leichterer Bearbeitung hat die letztere Anordnung den Vorzug, daß eine selbsttätige Nachstellung durch Senken des Bettschlittens eintritt. Jedoch finden sich auch Anordnungen, bei denen die eine Längswange flache, die andere trapezförmige Führungen besitzt. Die Bettbreite beträgt bei neueren Ausführungen etwa das Doppelte der Spitzenhöhe; je kleiner letztere im Verhältnis zur Bettbreite ist, desto kleiner wird das auf das Bett ausgeübte Drehmoment.

In Abb. 205 ist der Aufbau des Spindelstocks einer schweren Drehbank für Kanonenfabrikation von Otto Froriep, Rheydt, dargestellt.

8. Überschläglich kann als **ungefährer Kraftbedarf** in PS für Zugspindel und Leitspindeldrehbänke angenommen werden:

Spitzenhöhe mm:	110—140,	175—215,	215—315,	350—420,	430—480
Spitzenweite mm:	500—800,	900—2000,	2000—2500,	2500—3500,	3500—4500
Kraftbedarf PS:	0,25	0,5	1	1,5	2

IV. Plan- oder Kopfdrehbänke,

die zur Bearbeitung von flacheren Gegenständen dienen, tragen diese, wie z. B. Gehäuse von Dynamomaschinen, Dampfzylinder, Lokomotivräder usw., auf einer Planscheibe, die vertikal oder horizontal angeordnet sein kann; die letztere Anordnung dient meist für die Bearbei-

Abb. 205.

tung sehr schwerer Gegenstände, wie Schwungräder, Kesselböden, Riemscheiben usw., die hierbei leichter aufgebracht werden können, für Massenfabrikation und zur Ausführung von Bohr- und anderen Arbeiten. Man bezeichnet sie auch als Bohr- und Drehwerke oder als Karussellbänke.

Ein Reitstock ist bei Plandrehbänken nicht vorhanden.

Bei den Ausführungen mit vertikaler Planscheibe (Abb. 206 – 208) besitzen Spindelkasten und Werkzeugträger entweder ein gemeinsames Bett mit Führungen für den durch eine Schraube oder Zahnstange verschiebbaren Support, oder beide ruhen auf einer gemeinsamen Grundplatte, auf welcher der Support für Plandrehen, Ab- und Ausdrehen verschoben werden kann. Werden für beide Teile getrennte Grundplatten angeordnet, Abb. 207, so sind sie für die Bearbeitung großer Arbeitsstücke oft durch eine Grube getrennt, die bei Ausführung von Längsdreharbeiten durch das Bett des Supportträgers überdeckt werden kann. Die Schaltung des Werkzeugs erfolgt meist durch Klinke und Sperrad durch eine Kette vom Spindelstock aus (Abb. 206).

Größere Drehbänke mit vertikaler Planscheibe zeigen gewisse Nachteile, wie die oft erforderliche grubenartige Unterbrechung der Grundplatte (Abb. 207). Ferner ist das Gewicht der Planscheibe mit dem auf ihr befestigten Werkstück oft sehr groß, so daß das stützende Halslager einer schnellen Abnutzung unterliegt und die Spindel leicht zu Verbiegungen geneigt ist. Die freitragende Planscheibe erleidet stets nicht unerhebliche Erschütterungen, durch die genaues Abdrehen sehr erschwert wird und Aufspannen und Zentrieren schwerer Werkstücke beanspruchen viel Zeitaufwand und Hilfseinrichtungen.

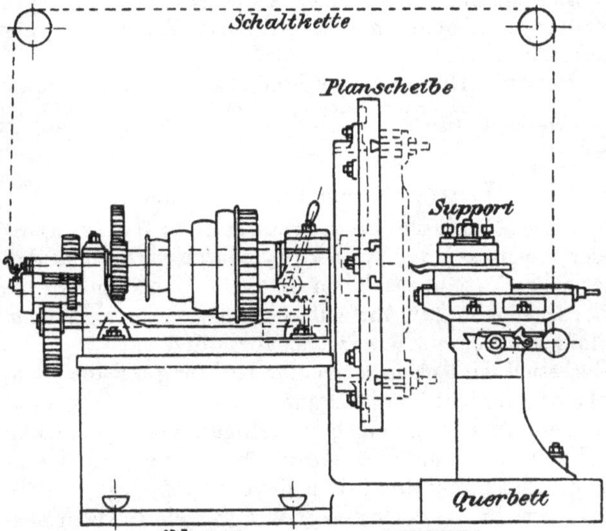

Abb. 206

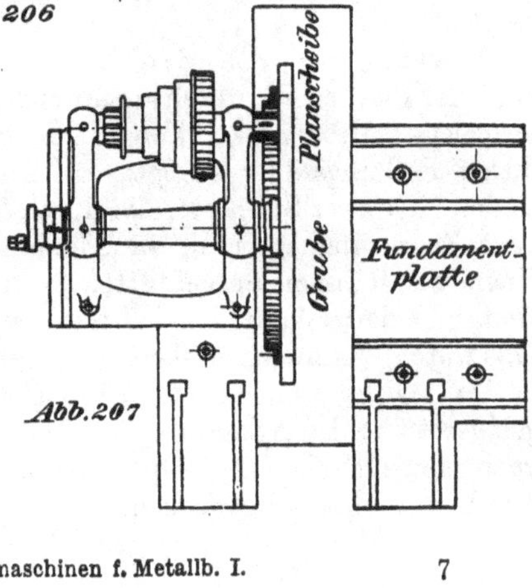

Abb. 207

Der Gesamtaufbau einer Plandrehbank von Otto Froriep, Rheydt, mit elektrischem Antrieb ist aus Abb. 208 ersichtlich

Plandrehbänke erfordern etwa an Kraftbedarf:

Größter Drehdurchmesser mm:	1200—1620,	1620—2360,	2700—3500,	3400
Planscheibendurchmesser mm:	900—1300,	1500—1600,	2000—2600,	4000
Kraftbedarf in PS:	2	3	5	10

V. Horizontale Plandrehbänke.

Diese Mängel sind bei den Bauarten der Horizontal- oder Karusselldrehbänken dadurch vermieden, daß der ganze Maschinenrahmen ein steifes Ganzes bildet, die Planscheibe in der Mitte durch ein Spurlager und am Umfang durch ein Kranzlager abgestützt ist, wobei das Werkstück einfach in lotrechter Richtung auf die Planscheibe gebracht werden kann.

Abb. 209a zeigt ein einständriges, vertikales Dreh- und Bohrwerk von J. E. Reinecker mit einem Werkzeugschlitten und drehbarem Revolverkopf (vgl. S. 103). Das Gewicht des Schlittens wird durch ein Gewicht ausgeglichen.

Horizontale Plandrehbänke erhalten den Antrieb der Planscheibe durch ein untenliegendes Stirnrädervorgelege (Abb. 209), während die Schaltung vielfach durch Reibungsräder erfolgt. Bei schweren Maschinen finden sich zwei Supporte, die durch Schraubenspindeln oder Zahnstangengetriebe in horizontaler Richtung an einem als Rahmen ausgeführten Querbett zu verstellen sind, und dieses kann an kräftigen Seitenständern ebenfalls durch Schrauben in der Höhe verstellt werden. Die horizontale Planscheibe sitzt fest auf der in zwei Lagern gelagerten hohlen Arbeitsspindel. Die Gewichte der meist auch geneigt einzustellenden Werkzeugträger werden durch Gewichte ausgeglichen.

Abb. 208.

In Abb. 209 bezeichnet: *k* eine Klemmkupplung, *z* Zahnkranz, *w* Getriebe für Winkelstellung des Supports, *s* die Schaltung, *t* die Stellspindel, *r* Reibräder.

Abb. 209a.

Die ganze Anordnung zeigt große Ähnlichkeit mit der von Hobelmaschinen. Neuere Ausführungen besitzen vielfach Stufenrädergetriebe mit Antrieb durch feste und lose Scheibe von der Transmissionswelle aus, oder für den Antrieb kommen gewöhnliche Elektromotoren oder Stufenmotoren in Anwendung. Auch für den Vorschub werden Stufenrädergetriebe vorgesehen. Die senkrechte und wage-

Abb. 209

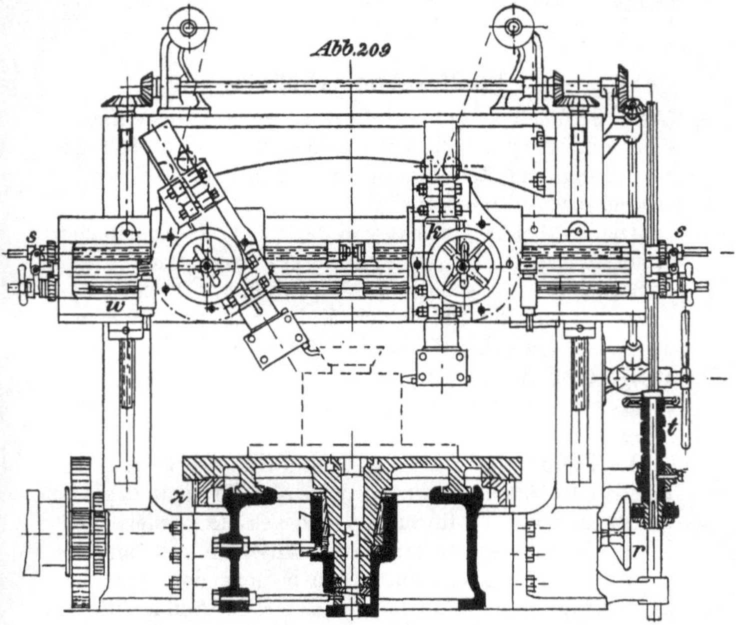

rechte Bewegung des Vorschubes und des Querbalkens werden durch Begrenzungen, selbsttätige Ausschaltung und Verriegelungen an allen gefährdeten Stellen gesichert.

Die **Räderdrehbänke** dienen zum Abdrehen von Radreifen oder ganzen Radsätzen. Einzelräder werden auf Planscheiben aufgespannt, Radsätze von zwei einander parallelen Planscheiben durch Mitnehmer mitgenommen. Für das gleichzeitige Bearbeiten beider Räder dienen zwei Supporte.

Für horizontale Plandrehbänke kann man an Kraftbedarf etwa zugrunde legen:

Größter Drehdurchmesser mm:	1300,	2135,	2440,	3048,	7700
Planscheibendurchmesser mm:	1270,	1720,	2080,	2100,	4000
Kraftbedarf in PS:	2	3	5	5	15

VI. Revolverdrehbänke

(Abb. 210) haben sich für die Zwecke der Massenfabrikation in bezug auf die Genauigkeit der Arbeit, einfache Bedienung und Zeitersparnis als unentbehrliche Werkzeugmaschinen erwiesen.

Die Möglichkeit, direkt von der rohen Materialstange arbeiten zu können, die einfache Bedienung und Zeitersparnis beim Wechsel des Werkzeugs verbilligen die Produktionskosten in hohem Maße, und außerdem ist die Arbeitsgenauigkeit bedeutend erhöht, da das gleichzeitige oder abwechselnde Arbeiten verschiedener Werkzeuge kein Lösen oder Anziehen von Befestigungsteilen nötig macht.

1. Man unterscheidet Halb- und Ganzautomaten. Bei den letzteren beschränkt sich die Tätigkeit des Arbeiters auf die Einführung des meist stangenförmigen Materials, bei ersteren erfolgt das Ansetzen und Zurückziehen des Werkzeugs durch den bedienenden Arbeiter. Allen Revolverdrehbänken, die das fertige Produkt durch Abdrehen, Gewindeherstellung, Fassondrehen und Abstechen aus dem stangenförmigen Material herstellen, ist dessen Zuführung durch die hohle Arbeitswelle gemeinsam, in der es durch ein Klemmfutter festgehalten wird. Für jede einzelne vorzunehmende Arbeit, Schrubben, Schlichten usw., dient ein besonderes Werkzeug.

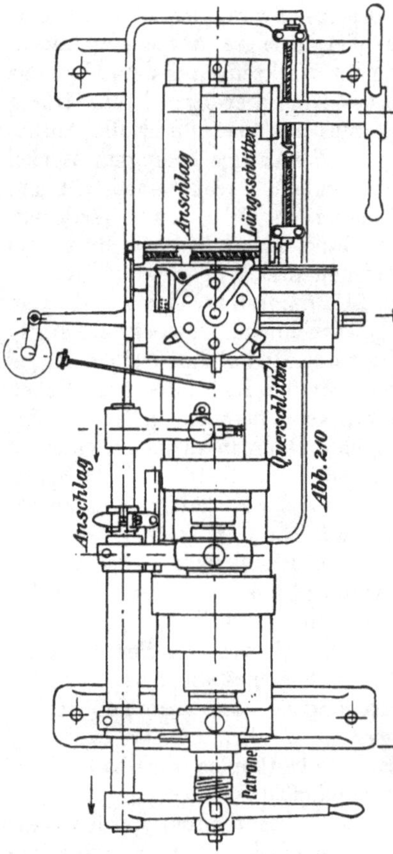

Abb. 210

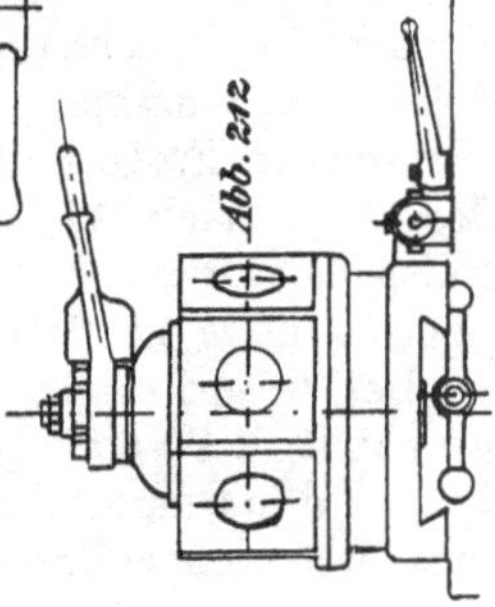
Abb. 212

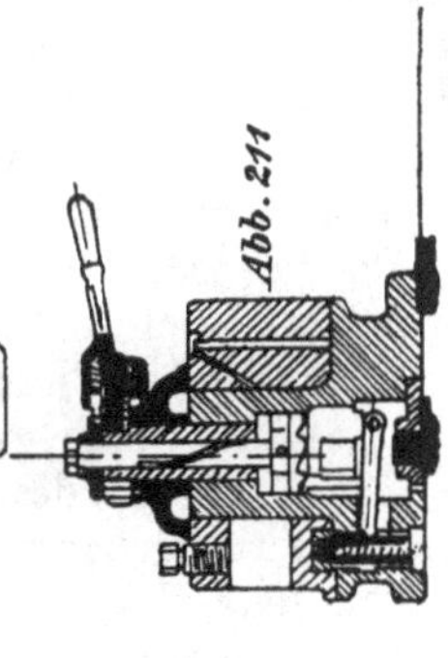
Abb. 211

2. Alle Werkzeuge, meist sechs, sind in einem drehbaren Kopf des Werkzeugschlittens (Abb. 211, 212) gelagert. Die Drehung des Revolverkopfes kann um eine vertikale, horizontale oder geneigte Achse stattfinden, wobei die Einspannung der Werkzeuge auf dem Umfange oder den Stirnflächen des Kopfes erfolgen kann. Durch Drehen des Revolverkopfes um einen durch die Anzahl der in ihm eingespannten Werkzeuge bedingten Winkel wird das in Frage kommende Werkzeug eingestellt und der Kopf nach Anstellung des Werkzeugs verriegelt, wobei das Drehen von Hand oder selbsttätig durch ein Sperrad beim Zurückziehen des Supportes erfolgt.

Der in Abb. 211, 212 dargestellte Drehkopf kann gleichzeitg 7 Werkzeuge aufnehmen. Er steckt auf einem Zapfen des Querschlittens und wird durch einen Riegel gehindert, sich zu drehen. In den Riegel greift ein Hebel, der niedergedrückt wird, wenn man die im Innern des Drehzapfens untergebrachte Daumenscheibe durch einen über dem Drehkopf liegenden Handhebel und ein Sperrwerk nach rechts dreht,. Ist der Riegel nach unten gedrückt, so dreht man den Kopf in seine neue Lage. Durch Rückwärtsdrehen des Handhebels wird der Kopf fest auf den Querschlitten gedrückt, weil der Handhebel um eine hohle Schraubenspindel greift.

Die für jedes Werkzeug erforderliche Bearbeitungslänge wird durch Anschläge begrenzt, die in vielen Fällen zugleich mit der Einstellung des Arbeitsstahles auf die richtige Entfernung gestellt werden.

Der Vorschub des Revolverkopfes wird von Hand oder selbsttätig bewerkstelligt.

Um lange Werkstücke zu bearbeiten, werden diese häufig durch den mit durchgehenden Löchern versehenen Revolverkopf hindurchgeführt.

In vielen Fällen versieht man den Revolverkopf mit einem Werkzeug weniger, als die Zahl beträgt, die er aufnehmen kann, und benutzt die Zeit der Drehung des Kopfes um den nicht mit einem Arbeitsstahl versehenen Bogen zur Neueinführung von Material.

Außer den Handrevolverbänken und den völlig selbsttätigen werden in den letzten Jahren vielfach Bänke gebaut, bei denen alle Vorarbeiten, wie Aus- und Einspannen, Ausrichten vom Arbeiter besorgt werden, alle eigentlichen Arbeitsvorgänge aber, wie Drehen, Bohren, Abflächen selbsttätig ausgeführt werden. Diese Maschinen sind für solche Werkstätten geeignet, die Produkte in nicht sehr großen Massen herzustellen haben.

Revolverdrehbänke mit liegendem Arbeitstisch kommen ebenfalls vielfach zur Ausführung, wobei der Kopf auf einem wagerecht und senkrecht, sowie geneigt zu führenden Schlitten ruht. Dieser wird dann an einer vertikalen Fläche des Gestells geführt.

Zur Abtrennung des fertig bearbeiteten Stückes wird ein auf dem Querschlitten aufgespannter Abstechstahl verwendet. Der durch Schraube verstellbare Querschlitten wird in der Regel auch noch mit einem Support für Längsdrehen versehen.

3. Revolverbänke, die auch zum **Gewindeschneiden** dienen sollen, tragen auf dem hinteren Ende der Drehbankleitspindel oder einer Nebenwelle (Abb. 210, 213) einen auswechselbaren Gewindebolzen *p* (Patrone), in den ein um eine Führungsstange drehbarer Arm mit entsprechendem Muttergewinde eingreift. Der Gewindeschneidstahl befindet sich am anderen Ende der Leitstange, und das Gewindeschneiden entsprechend der Patrone erfolgt durch Verschiebung der Leitstange. Die Gewindetiefe läßt durch eine Stellschraube *s* am Hebel einstellen.

4. Für **Revolverdrehbänke** gelten für den **Kraftbedarf** etwa folgende Werte:

Spindelachsenhöhe	mm:	230	290	300	330	425
Größter Drehdurchmesser	„	520	610	650	710	865
Größte Drehlänge	„	850	1100	850	1400	1600
Kraftbedarf in PS:		1	3	2	5	5

VII. Abstech- und Rohrbänke

(Abb. 214—216) dienen zum Durchschneiden von Stangen und Rohren in beliebigen Längen. Zu diesem Zweck werden die zu schneidenden Werkstücke in der hohlen Spindelstockwelle geführt und können durch Zentrierschrauben oder Einspannfutter festgestellt werden. Bei schweren Rohrbänken trägt eine Fundamentplatte den Spindelstock und die zum Tragen der Rohre dienenden Einspannböcke. Der Werkzeugträger liegt dicht an dem vorderen Ende des Spindelstocks, ist radial verschiebbar (Abb. 215) und führt eine drehende Bewegung um das ruhende Arbeitsstück aus. Hat das Werkzeug die Mitte des Werkstücks erreicht, so wird es meist selbsttätig außer Betrieb gesetzt.

VIII. Fassondrehbänke

ermöglichen die Herstellung von Umdrehungskörpern mit veränderlichen Querschnitten und finden in der Massenfabrikation vielfache Anwendung. Bei ihnen muß der Support außer dem Längsgang einen der herzustellenden Form entsprechenden Plangang von veränderlicher Größe und Richtung besitzen, was sich dadurch erreichen läßt, daß der Bettschlitten für den Plangang durch eine Rolle mit Gewichten oder Federn in steter Berührung mit einer

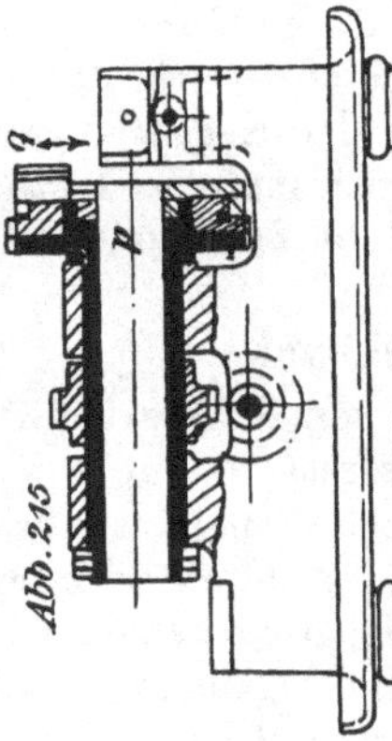

Abb. 215

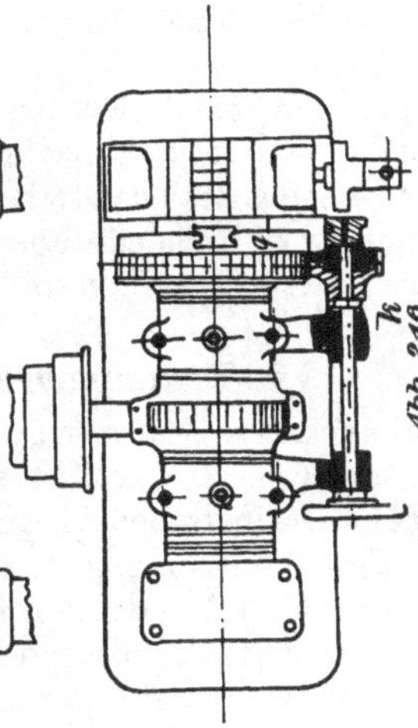

Abb. 216

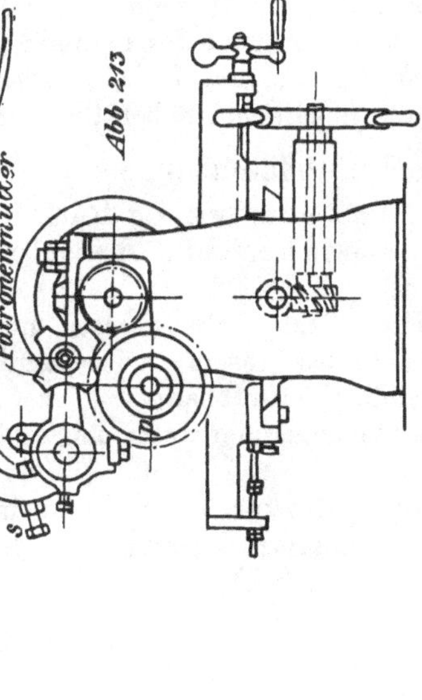

Abb. 213

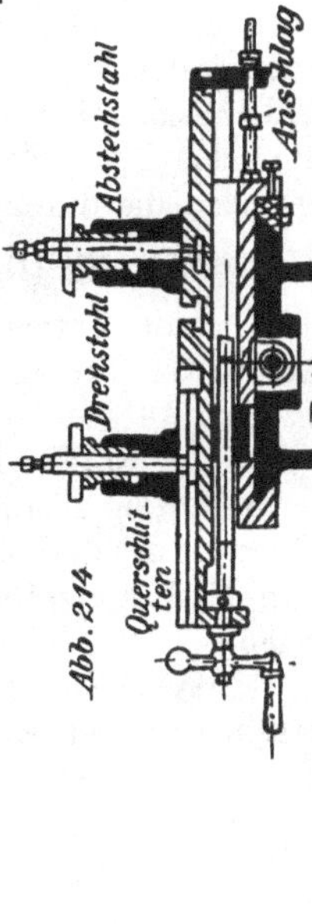

Abb. 214

fest am Bettschlitten angeordneten Schablone oder einem Leitlineal bleibt.

Um konisch zu drehen wird der Support durch einen Schieber an dem Leitlineal geführt (Abb. 217, 218), das in der Neigung des abzudrehenden Kegels eingestellt ist. Für andere zu drehende Formen muß das Leitlineal durch eine entsprechend gestaltete Schablone ersetzt werden.

IX. Radreifendrehbank.

Zur selbsttätigen Bearbeitung von Radreifen dient u. a. der in Abb. 219, 220 dargestellte Support von Schuberth. Die im Support liegende Schablone *s* besitzt eine Nut, deren Krümmung dem abzudrehenden Spurkranz entspricht. Neben der Nut trägt die Schablone den Teil einer zur Nut äquidistanten Verzahnung, und in diese greift ein Trieb *t* ein, der sich auf einem Stift befindet, und dieser wird in der Nut der Schablone geführt, so daß er den Planvorschub ausführt, während der Trieb *t* den Längsgang bewirkt. Der Antrieb des Triebes *t* erfolgt durch das Schneckenrad *r* und die Welle *w* von einer Schnecke, die durch ein Schaltwerk *k* betätigt wird.

X. Die Unrunddrehbänke

sollen runde Formen herstellen, wie sie beim Hinterdrehen von Fräsern, Gewindebohrern, Reibahlen vorkommen.

Für das radiale Hinterdrehen von Fräsern muß das Werkzeug, der Zähnezahl des Fräsers entsprechend, eine sich stetig wiederholende Vorschubbewegung ausführen, wenn die Fräserzähne nacheinander unter den Stahl gelangen.

Bei den Hinterdrehbänken führt der zu hinterdrehende Fräser eine langsame Drehung aus, der die

Form des Fräsers erzeugende Drehstahl jedoch muß sich langsam gegen die Achse des Fräsers hin bewegen, sich

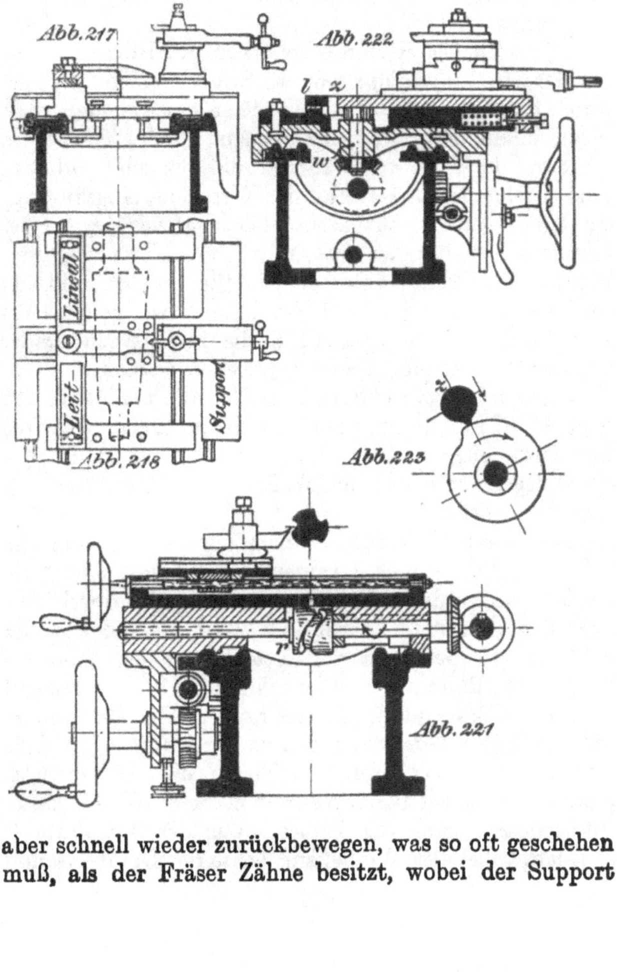

aber schnell wieder zurückbewegen, was so oft geschehen muß, als der Fräser Zähne besitzt, wobei der Support so geführt werden muß, daß der Drehstahl beim Arbeiten mit der Geschwindigkeit vorrückt, wie es der Geschwindigkeitsänderung der zu bearbeitenden Zahnform des Fräsers entspricht.

Für seitliches Hinterdrehen allein wird dieser Zweck bei der Hinterdrehbank von E. Schieß (Abb. 221) dadurch erreicht, daß der Planschlitten einen Stift besitzt, der in eine Nutenrolle *r* der Planspindel eingreift, wobei die Form der Nute so gewählt ist, daß für jeden radial zu hinterdrehenden Fräserzahn das Werkzeug langsam vorgeschoben, jedoch schnell zurückgezogen wird, wenn das Hinterdrehen beendet ist. Statt der Nutenrolle verwenden Ludwig Loewe & Co. für die hin und her gehende Bewegung des Oberteils des Werkzeugträgers auswechselbare Kurvenscheiben, die durch Wechselräder von der Arbeitsspindel aus angetrieben werden.

Bei der Hinterdrehbank von Reinecker (Abb. 222 bis 224) für radiales und seitliches Hinterdrehen trägt die Bettplatte eine vertikale Welle *w* (Abb. 222), die von einer liegenden genuteten Welle durch Kegelräder angetrieben wird.

Am oberen Ende trägt *w* einen zur Verschiebung des Schlittens *l* dienenden Daumen. Am Schlitten *l* ist ein Zapfen *z* angeordnet, der mit einem Daumen durch eine Spannfeder in steter Berührung steht, so daß sich der Schlitten entsprechend der Krümmung des Daumens längs seiner Bahn hin und her schiebt, Abb. 223. Der auf *l* sitzende Kreuzschlitten für den Stahl *s* (Abb. 224) erfährt daher dieselben Verschiebungen wie der Schlitten *l*, und die Führung von *l* liegt auf einer Platte, die auf der Bettplatte um die vertikale Welle *w* gedreht werden kann. Infolgedessen kann die Verschiebung des Arbeitsstahls in jedem beliebigen Winkel zur Achse der Drehbank und

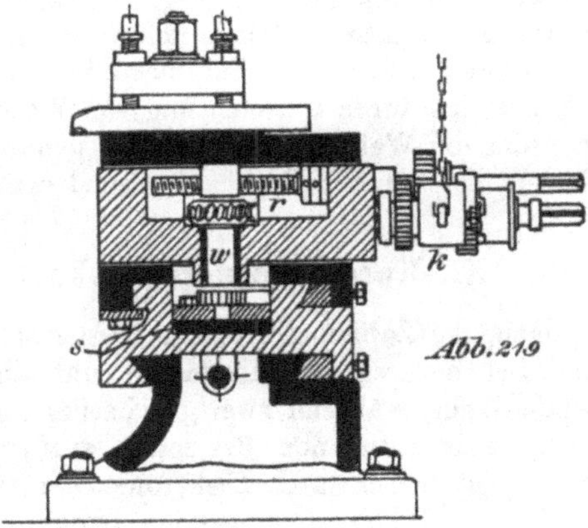

Abb. 219

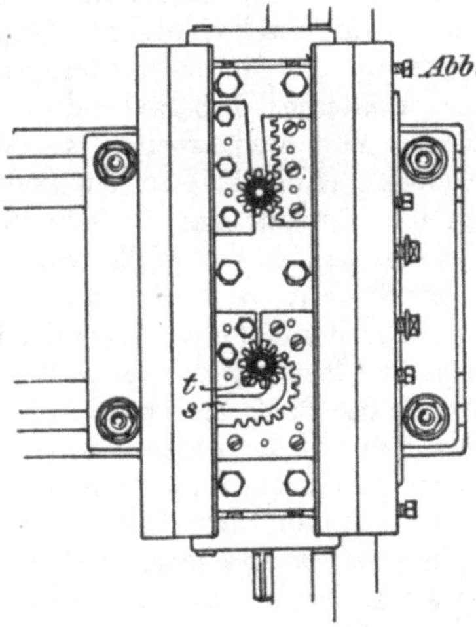

Abb. 220

des Werkstücks, also des Fräsers, stattfinden, so daß das Hinterdrehen von Fräsern quer oder geneigt oder in der Achse des Fräsers erfolgen kann, wenn man die Welle *w* so oft dreht, wie die Zahl der Zähne des Fräsers beträgt, was sich durch Einschaltung von Wechselrädern zwischen der die Welle *w* antreibenden, genuteten horizontalen Welle und der Drehbankspindel erzielen läßt.

XI. Kurbelzapfendrehbänke

dienen dazu, die Zapfen gekröpfter Kurbelwellen abzudrehen. Bei neueren Ausführungen ruht die zu bearbeitende Welle, während zwei gleichzeitig angreifende Werkzeuge eine rotierende Bewegung ausführen. Der Antrieb erfolgt meist durch Elektromotoren, wobei die infolge des allmählich abnehmenden Drehdurchmessers sich vermindernde Schnittgeschwindigkeit durch Erhöhung der Umlaufszahl des Motors wieder gesteigert werden kann. Bei den älteren Kurbelwellendrehbänken, die nicht nach diesem Verfahren arbeiten, versah man die Welle mit Scheiben *s* (Abb. 225) an den Enden, die mit Körnerlöchern im Abstande des Kurbelradius versehen wurden. Ein Verspannen der Welle wurde durch Zwischensetzen von Streben vermieden. Bei Wellen größerer Länge wurde in der Nähe der Kurbel noch ein Führungsexzenter angeordnet und die ganze Welle zwischen die Planscheiben der Bank gespannt. Bei neueren Ausführungen (Abb. 226) sind die beiden Werkzeugträger als Teile einer rotierenden Trommel *t* ausgebildet, und drehen sich in einem geteilten Ring *r* um Zapfen. Der Ring bewegt sich in einem zweiteiligen Gehäuse *g*, das auf einem Schlitten *s* verschiebbar ist, und wird von einer Riemenscheibe aus durch Zwischenschaltung von Zahn-

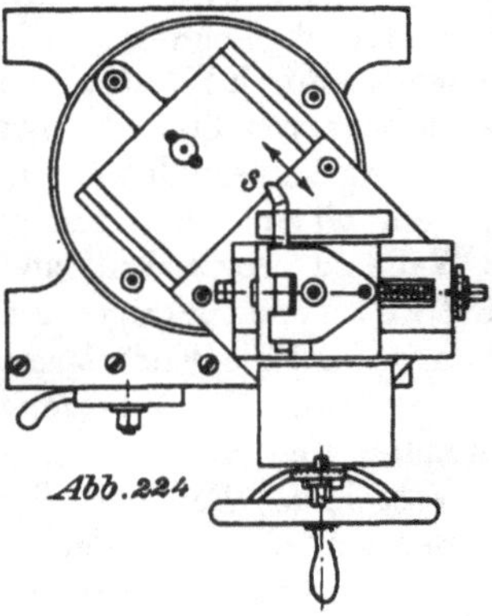

Abb. 224

Abb. 226

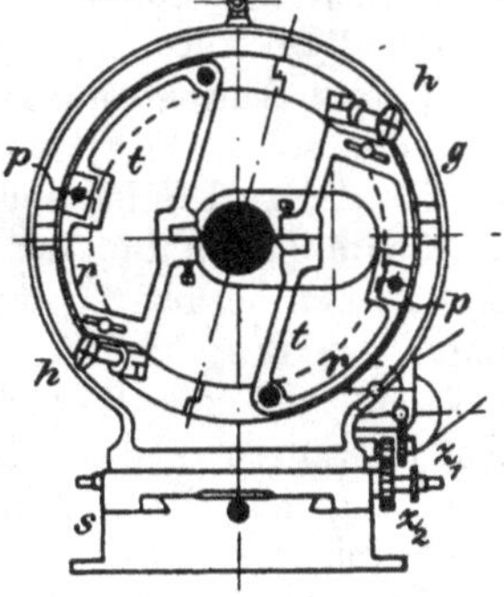

Abb. 225

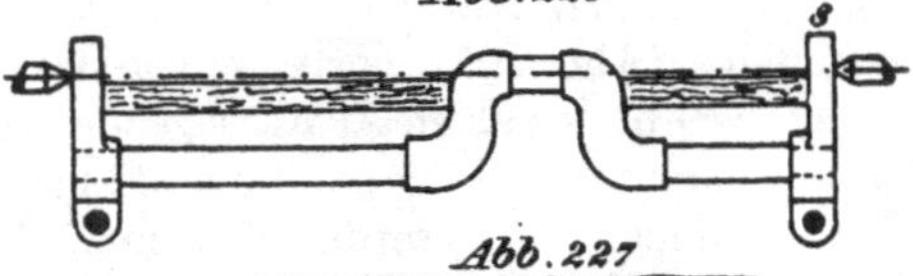

Abb. 227

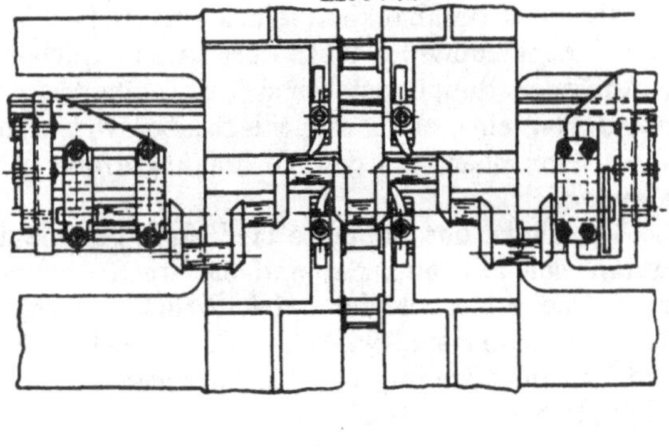

rädern z_1 und z_2 gedreht. Der Schlitten wird ebenfalls durch Zwischengetriebe und Schnecke bewegt. Die Werkzeugträger können, nachdem sie durch Handräder *h* an das Werkstück heranbewegt oder von ihm entfernt sind, durch Schrauben *p* an dem Ring festgestellt werden. Um die ganze Vorrichtung vom einen zum anderen Zapfen der zu bearbeitenden Welle zu verschieben, sind die Schrauben *p* zu lösen und die Werkzeugträger um ihre Zapfen herumzuschwenken, so daß die Kurbelarme durch den Ring hindurchtreten können. Das Werkzeug vollzieht also die Hauptbewegung und den von den Antriebsrädern abgeleiteten Vorschub. Bei der Bearbeitung muß Mitte Zapfen der von oben eingelegten Welle mit der Mitte der Maschine zusammenfallen.

Die Bearbeitung kleinerer, mehrfach gekröpfter Kurbelwellen aus Tiegelgußstahl mit Chrom- und Nickelgehalt ist sehr schwierig, weil sie sich leicht verbiegen, und man hat daher (Abb. 227) Kurbelwellen-Drehbänke gebaut, bei der zwei in derselben Achse liegende Kurbeln gleichzeitig und jede mit 2 Stählen auf einmal bearbeitet werden. Beide Spindelstöcke werden von einer Scheibe in der Mitte des Drehbankbettes aus angetrieben, während die Einspannung der Welle durch Klemmfutter erfolgt. Auf jedem Support stehen sich 2 Stahlhaltschieber gegenüber, der eine Stahl schneidet dabei von unten, der andere von oben, um den Verdrehungsdruck möglichst auszugleichen.

Die Vorschübe der Supporte sind stets gegenläufig, sie nähern sich also einander und entfernen sich voneinander, wodurch auch der axiale Druck aufgehoben ist. Die Stahlhalter sind winkelförmig und sehr schmal ausgebildet, um auch in engen Kröpfungen Spielraum zum Langdrehen zu haben.

XII. Ovalwerke.

Um elliptische oder ellipsenähnliche Querschnitte zu drehen, dienen die Ovalwerke. Bei ihnen kann das Arbeitsstück mit verschiedener Exzentrizität auf das Ende der Drehbankspindel geschraubt werden, und dreht sich die Spindel einmal herum, so wird das Werkstück einmal um die doppelte Exzentrizität hin und her bewegt, so daß das Werkzeug eine Ellipse beschreibt.

Dadurch daß man bei einer Umdrehung der Spindel die Zeit für den Hin- und Hergang des Werkstücks ändern kann, ist es möglich, die verschiedensten Querschnittsformen am Werkstück zu bearbeiten.

XIII. Verschiedene Anwendungen von Drehbänken.

Die rotierende Bewegung der Drehbankspindel gestattet außer den Dreharbeiten noch die Ausführung einer Anzahl anderer. So z. B. lassen sich aus dünnem Blech hergestellte gedrückte Gegenstände fertigstellen, wenn Vorrichtungen für diese Arbeiten angebracht werden, sog. Drückdrehbänke. Fräsarbeiten lassen sich auf der Drehbank herstellen, indem man eine Fräswelle zwischen den Spitzen oder einen Fräser am Spindelkopf anordnet. Auch als Kreissäge läßt sich die Drehbank verwenden, indem das Sägeblatt auf einer Welle zwischen den Spitzen angeordnet wird. Für Bohrarbeiten kann man den Bohrer mit der Spindel umlaufen lassen und das Werkstück gegen den Bohrer bewegen, oder der Bohrer wird gegen das festgelegte Arbeitsstück verschoben. Auch zum Rändeln von Oberflächen kann die Drehbank benutzt werden, indem das Arbeitsstück in Umdrehung versetzt wird.

B. Die Fräsmaschinen.

I. Die Fräswerkzeuge.

1. Arbeitsweise. Während die für Drehen und Hobeln benutzten Werkzeuge nur eine Schneide besitzen, haben die Fräser eine größere Anzahl von Schneidkanten, die um eine Achse angeordnet sind, wobei statt der geradlinigen Hauptbewegung die vorteilhaftere drehende zur Anwendung gelangt. Die Ausbildung und Vervollkommnung der Fräswerkzeuge hat in den letzten 20 Jahren eine sehr hohe Stufe erreicht und geradezu umwälzend auf die Werkstattstechnik gewirkt.

Der wesentliche Vorteil bei der Verwendung von Fräsern liegt darin, daß gleichzeitig mehrere Schneiden arbeiten, von denen jede einen kleinen Teil des ganzen Fräserumfanges bildet, und die sich während einer Umdrehung des Fräsers besser abkühlen können. Im Gegensatz zum Dreh- und Hobelstahl werden Späne geringerer Abmessungen in schnellerer Reihenfolge genommen, so daß die Ruhe des Ganges bedeutend gesteigert wird und ebenso die Schnittgeschwindigkeit erhöht werden kann. Dazu kommt, daß man den Schneidezähnen solche Gestalt geben kann, daß beim Nachschleifen das vorteilhafteste Schneidprofil erhalten bleibt, wenn man die Rückseite der Fräserzähne nach einer logarithmischen Spirale gestaltet, deren Winkel mit dem Halbmesser an der betreffenden Stelle sich nicht ändert, wodurch sich bei diesen sog. hinterdrehten Zähnen der Vorteil größerer Festigkeit ergibt, so daß sich ein derartiger Fräser mit mehr Zähnen versehen läßt als ein nicht hinterdrehter Fräser. Letztere werden besonders bei solchen Arbeiten verwendet, bei denen die Abnahme starker Späne erforderlich wird. Da Fräser mit kleinerem Vorschub arbeiten, so empfiehlt es sich, vorzugsweise kurze und breite Arbeitsstücke zu fräsen, während schmale und lange unter manchen Umständen besser zu hobeln sind. Besonders in der Massenfabrikation, wo Nacharbeiten möglichst zu beschränken sind, hat sich der Fräser ein weites Feld erobert.

Für die Herstellung komplizierter Profile lassen sich Fräser verschiedener Ausbildung zu einem Werkzeug zusammensetzen.

Um die Vorteile der Fräser voll auszunutzen, muß ihre Umlaufrichtung derjenigen der Zuführung des Werkstücks entgegengesetzt sein.

2. Form der Zähne. Bei nach Abb. 228 gestalteten Fräsern bilden Seitenlinie *l* und Basis *b* einen Winkel von etwa 60°, bei solchen nach Abb. 229 betragen die Winkel α und β durchschnittlich 12° und 48°. Die Zähne haben, wie in Abb. 230a, dreieckige Gestalt oder solche wie in Abb. 230b. Bei hinterdrehten Zähnen wird die Fläche *f* geschliffen. Bei dreieckigen Zähnen bildet *c d* einen Winkel mit dem Radius, bei der Zahnform Abb. 230b liegt *c d* radial. Zähne nicht hinterdrehter Fräser werden auf der Rückseite geschliffen.

3. Fräserformen. Man unterscheidet Walzen- oder Planfräser, Stirn- oder Scheibenfräser, Nutenfräser, Profilfräser, Winkelfräser, Schnecken-, Rohrfräser usw. Die Bezeichnungen Schaft- und Dornfräser beziehen sich auf die Art der Befestigung der Fräser in der Frässpindel.

Nach der Lage der Zähne sind solche Fräser zu unterscheiden, deren Zähne auf dem Mantel oder an den Stirnflächen des Fräserkörpers liegen; zu den ersteren gehören die Nuten-, Walzen- und Profilfräser, die eine Bohrung zum Aufstecken auf einen Dorn besitzen, den die Arbeitsspindel der Maschine trägt, zu den letzteren die Stirnfräser. In Abb. 230 heißt Winkel γ Anstellungs-, $\sphericalangle \delta$ Schneidewinkel, die Abflachung ist etwa 1 mm.

a) Die **Walzen-** oder **Planfräser** dienen besonders zur Bearbeitung ebener Flächen. Sie werden in Durchmessern von 50—125 mm und Längen bis 150 mm hergestellt. Über 100 mm Länge pflegt man sie vielfach zu teilen, da größere Fräser sich beim Härten leicht verziehen. Kleinere Fräser erhalten oft Schneidkanten parallel zur Achse, längere aber solche von Schraubenform (Abb. 231—233) mit einer Steigung von etwa $9\,D + 100$ mm, wenn D den Fräserdurchmesser bedeutet. Bei beiden Formen zerlegt man die Länge der Schneiden häufig durch Nuten in einzelne Fräserzähne (Abb. 234, 235). Walzenfräser über 125 mm Länge werden vielfach so ausgeführt, daß man die einzelnen Zähne aus gewöhnlichem Werkzeug- oder Schnelldrehstahl in Körper aus Flußstahl, manchmal auch aus Gußeisen einsetzt, daß die Schneiden spiralig verlaufen. Derartige Fräsköpfe, deren Herstellung billiger ausfällt als die massiver Fräser gleicher Größe, besitzen acht und mehr Schneiden und werden besonders für die Abnahme starker Späne verwendet. Die Stähle werden entweder einfach in gegeneinander versetzte Löcher auf dem Mantel des zylindrischen Körpers eingeschlagen oder in Nuten eingegossen und durch Schrauben oder Keile festgezogen (Abb. 236, 237), seltener in gebohrte Löche eingegossen. Diese Messerköpfe werden neuerdings vielfach wieder durch massive Fräser geeigneter Formgebung ersetzt mit gerader und breiterer Abflachung am Zahnkopf und nicht radialem Verlauf der Kante *c d* (Abb. 230a und 238).

Ein Beispiel eines zusammengesetzten Walzenfräsers zeigen Abb. 239, 240, bei dem die beiden Fräser-

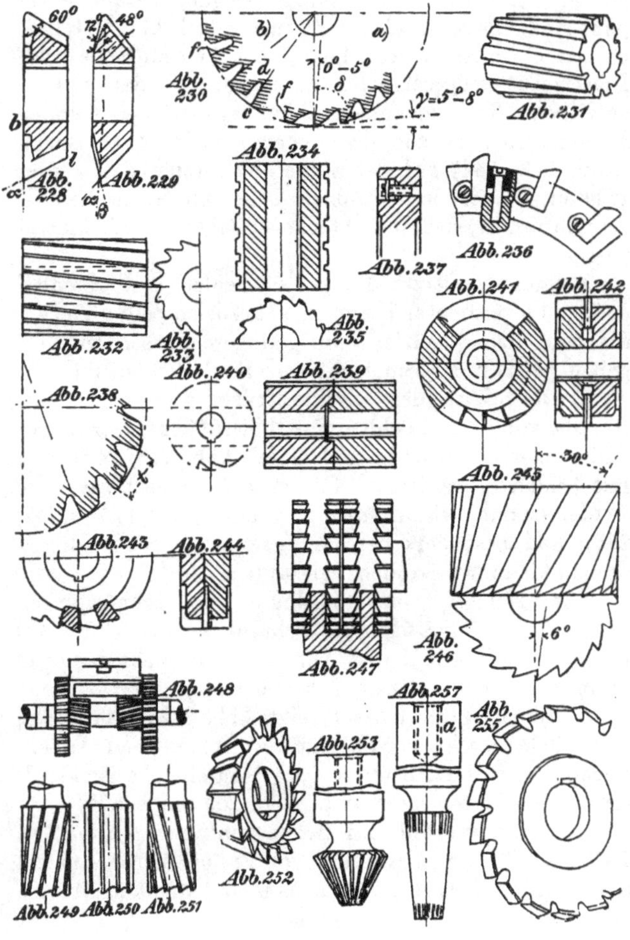
60°
72°
48°
b
l
Abb. 228
Abb. 229
Abb. 230
b)
a)
f
d
e
0°–5°
δ
γ=5°–8°
Abb. 231
Abb. 234
Abb. 237
Abb. 236
Abb. 232
Abb. 233
Abb. 235
Abb. 241
Abb. 242
Abb. 240
Abb. 239
Abb. 238
t
30°
Abb. 245
Abb. 243
Abb. 244
Abb. 247
Abb. 246
6°
Abb. 248
Abb. 257
a
Abb. 255
Abb. 253
Abb. 252
Abb. 249
Abb. 250
Abb. 251

hälften durch Vorsprung und Ausdrehung zusammengepaßt sind. Besser sind Anordnungen nach Abb. 241, 242, bei der ein oder mehrere Sektoren an einem Ende jedes Fräserteils weggeschnitten sind, so daß der stehengebliebene Teil des einen Fräserteils in den herausgeschnittenen Sektor des anderen paßt, oder indem (Abb. 243, 244) auf der entgegengesetzten Seite jedes zweiten Zahnes der einzelnen Teile ein Stück herausgeschnitten ist, so daß die stehengebliebenen Teile hineinpassen.

Zusammengesetzte Fräser vermeiden den Nachteil einfach hinterdrehter Fräser mit parallelen Seitenflächen, die nach dem Schärfen eine geringere Fräserbreite ergeben, weil ihre Form nicht unveränderlich bleibt.

b) Die **Stirn- oder Scheibenfräser** werden zur Herstellung von Nuten, Schlitzen und Stirnflächen verwendet und schneiden entweder mit einer (Abb. 245, 246) oder mit beiden Stirnflächen. Für viele Bearbeitungszwecke werden sie mit Walzenfräsern zusammengesetzt (Abb. 247, 248), und besonders bei der Verwendung von Schnelldrehstahl, in Fräsköpfen befestigt.

Abb. 249 zeigt die Anordnung mit rechtsgängigen Zähnen und linksgängigem Schraubengang, Abb. 250 mit geradem Verlauf und Abb. 251 mit rechtsgängigen Zähnen und ebensolchem Schraubengang.

c) Einen **Winkelfräser** zeigt Abb. 252; Rohrfräser, Abb. 253, werden sowohl für das Innen- und Außenfräsen von Rohren benutzt, ihre Mantelfläche ist kegelförmig, ein Nutenfräser ist in Abb. 255 dargestellt.

Der Hauptvorteil des Schneckenfräsers (Abb. 256, 257) liegt für die Herstellung von Zahnrädern besonders darin, daß sich theoretisch genaue Zahnflanken für alle Räder derselben Teilung erzielen lassen.

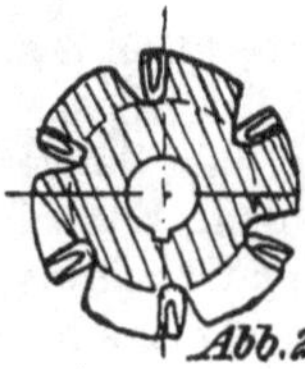
Abb. 257

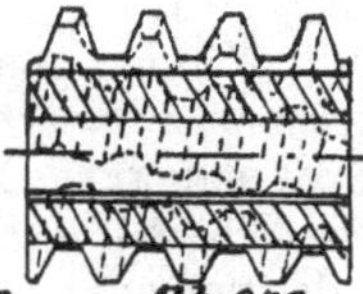
Abb. 256

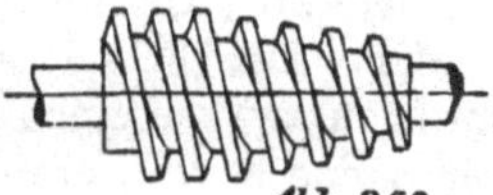
Abb. 258

Abb. 262

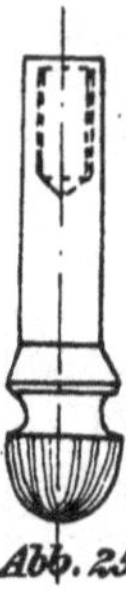
Abb. 259

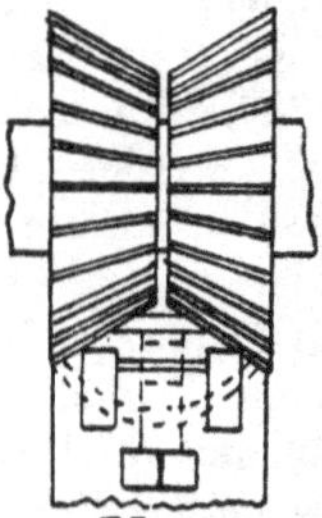
Abb. 260

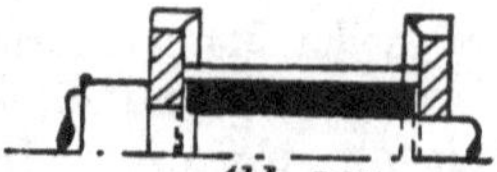
Abb. 263

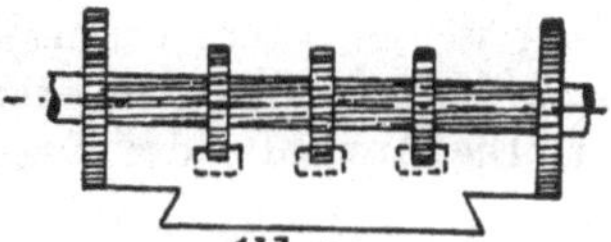
Abb. 263 a

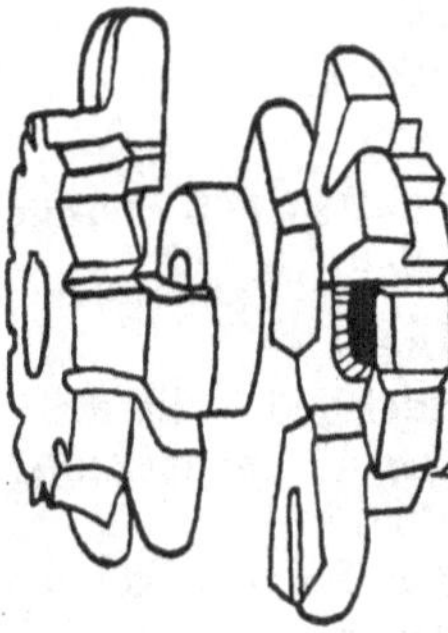
Abb. 261

Abb. 264

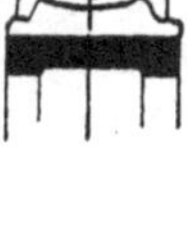
Abb. 265

Abb. 266

d) Eine von J. E. Reinecker eingeführte Form des **Schneckenradfräsers** (Abb. 258) hat großen Eingang gefunden. Der Fräser ist ziemlich lang und die Gänge springen an dem einen Ende nur wenig über die Wurzel der Zähne hervor, erhöhen sich aber nach und nach bis zum anderen Fräserende, das voll ausgebildete Gänge besitzt von dem Durchmesser, den die in das herzustellende Schneckenrad eingreifende Schnecke besitzen soll.

e) Mit **Profilfräsern** (Abb. 259, 260), die in den verschiedensten Formen hergestellt werden, können besonders in der Massenfabrikation profilierte Flächen in einem Gange fertiggestellt werden.

Zusammengesetzte Profilfräser (Abb. 261—266), deren jeder einzelne Fräser für sich gehärtet und geschärft werden kann, vermeiden den Nachteil des beim Härten eintretenden Verziehens großer Fräser.

f) Die **Anzahl** z der **Fräserzähne** ergibt sich aus:

$$z = D\pi : t \quad \text{oder aus} \quad z = 0{,}1\,D + 12\,\text{mm}\,.$$

Die Dicke t der Zähne läßt sich aus

$$t = 0{,}1\,D + c$$

ermitteln, worin zu setzen ist, für:

$D =$ 50	50—100	100—118	118—150	150—180	180—200 mm
$c =$ 4,7	4	3,2	1,6	0,8	0

II. Die Fräsmaschinen.

1. Je nach der Lage der Frässpindel bilden die Fräsmaschinen zwei Hauptbauarten, solche mit **horizontaler** und **vertikaler** Spindel (Abb. 267, 268).

Die Fräsmaschinen mit liegender Spindel können einen nichtdrehbaren oder einen drehbaren Tisch besitzen; die letzteren werden als Universalfräsmaschinen bezeichnet, sie lassen die vielseitigste Verwendung zu.

Bei allen Fräsmaschinen macht das Werkzeug die rotierende Hauptbewegung, das Werkstück den geradlinigen Vorschub.

Abb. 267.

a) Während die einfache Fräsmaschine mit liegender Spindel (Abb. 269, 270) vorzugsweise für die Bearbeitung kleinerer Werkstücke geeignet ist — in schweren Bauarten wird sie meist als **Planfräsmaschine** bezeichnet —, lassen sich auf der

b) **Universalfräsmaschine** (Abb. 268, 271, 272) fast alle im Maschinenbau vorkommenden Arbeiten, die über-

Abb. 268.

haupt auf Fräsmaschinen ausgeführt werden können, fertigstellen. Dazu gehört, außer dem Planfräsen, die

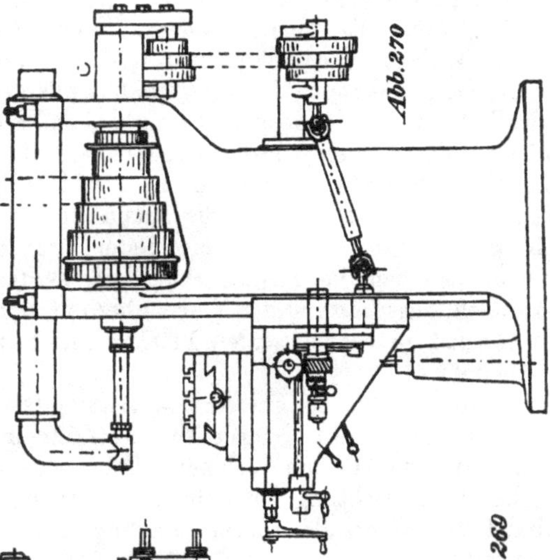

Abb. 270

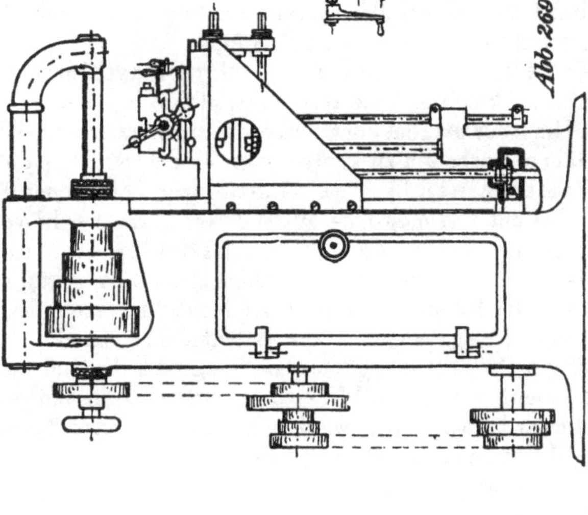

Abb. 269

Herstellung von geraden Nuten und den verschiedensten Profilen, ferner diejenige schraubenförmiger Nuten, wie sie für Walzen- und Schneckenfräser, Gewindebohrer, Spiralbohrer und Reibahlen nötig sind. Außerdem lassen sich alle Arten Zahnräder, auch Schrauben- und Schneckenräder auf der Universalfräsmaschine fertigstellen. In beschränkter Weise können auch die Drehbank und die Wagerechtbohrmaschine für die Ausführung von Fräsarbeiten benutzt werden, erstere, indem man die Frässpindel zwischen die Körner einspannt, letztere, wenn man nach Ausschaltung des Vorschubes der Bohrspindel die vertikal zu bearbeitenden Flächen mit Stirnfräsern bearbeitet.

Die für das Planfräsen sehr langer Arbeitsstücke besonders gebauten Planfräsmaschinen ähneln in ihrer Bauart sehr den Hobelmaschinen. Bei ihnen macht die in der Höhenrichtung verstellbare, horizontale Frässpindel die rotierende Hauptbewegung, der Tisch die Vorschubbewegung (Abb. 273, 274).

c) **Keilnuten-** und **Langlochfräsmaschinen** besitzen senkrechte, feste oder verstellbare Spindeln.

Um zwei parallel oder senkrecht zueinander stehende Flächen bearbeiten zu können, werden die sog. Doppelfräsmaschinen benutzt, während nach Schablonen zu bearbeitende Werkstücke auf Kopierfräsmaschinen hergestellt werden. Lang- und Rundfräsmaschinen haben in der Werkstattstechnik eine große Bedeutung erlangt. Die Rundfräserei kann als Ersatz für eine Anzahl Dreharbeiten dienen. Das Arbeitsstück macht die drehende Schnittbewegung, das Werkstück die drehende Vorschubbewegung. Werkstücke wie Zahnradkörper, Riemenscheiben usw. werden vielfach in mehrfacher Anzahl auf einem Dorn gefräst.

Als Abart des Rundfräsens ist das Lang-Rundfräsen oder Wellenfräsen anzusehen, durch das sich ebenfalls Dreharbeiten ersetzen lassen.

2. Die **Hauptteile** aller Fräsmaschinen sind der Spindelstock und dessen Antrieb, mit den Einrichtungen zum Einspannen des Fräsers, der Arbeitstisch

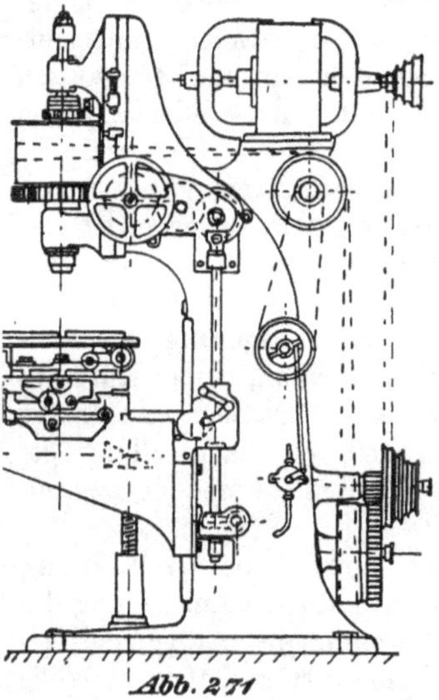

Abb. 271

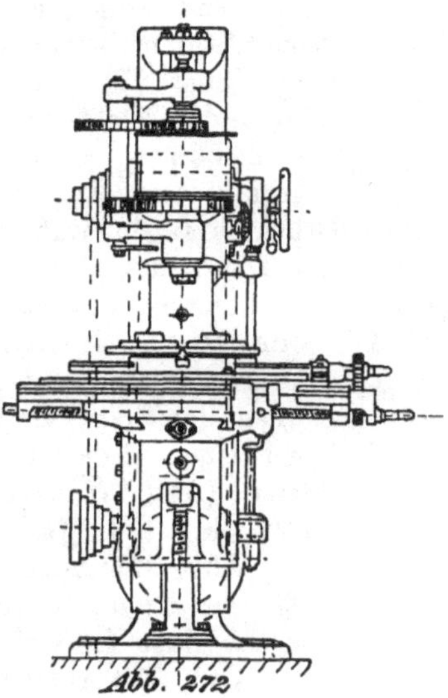

Abb. 272

mit den Einrichtungen zum Ansetzen des Arbeitsstückes und zur Erzeugung des Tischvorschubes und dessen Antrieb. Der Vorschub muß selbsttätig ausrückbar sein, wenn es sich um Herstellung von Massenprodukten handelt. Für Universalfräsmaschinen sind Einrichtungen für die selbsttätige Drehbewegung des Tisches erforderlich, die ebenfalls selbsttätig auszulösen sein müssen, und endlich ist es erwünscht, den Rückgang des Tisches nach erfolgter Umsteuerung beschleunigt auszuführen. Ferner muß das Werkstück, wenn es nach einer bestimmten Teilung zu bearbeiten ist, so einspannbar sein, daß seine Drehung um einen bestimmten Winkel möglich ist. Dazu dient der Teilkopf und die Teilscheibe.

a) Die **Antriebsvorrichtungen** des festen Spindelstocks sind Vorgelege, die meist eine Ausrückung gestatten, Stufenscheiben, unter Umständen auch Schneckenradgetriebe. Horizontale Spindeln müssen gegen den nach beiden Richtungen wirkenden Arbeitsdruck gegen Verschiebung gesichert sein.

Am hinteren Ende dienen diesem Zweck Muttern und Druckschrauben, während das vordere Lager meist fest ist. Die Laufzapfen der Spindeln sind meist an einer Seite konisch gestaltet, vielfach an beiden (Abb. 275).

Im wesentlichen zeigt die Spindellagerung eine ähnliche Anordnung wie bei der Drehbank, wobei statt des Körners der Fräser befestigt ist. Auch hier müssen die Lager eine möglichst konzentrische Nachstellung gestatten. (Abb. 276 zeigt den Antrieb für eine Horizontalfräsmaschine.)

α) Abb. 277 zeigt einen Spindelstock von *Brown & Sharpe*, deren Konstruktionen für die Ausbildung der Fräsmaschinen in vielen Beziehungen maßgebend gewesen sind. Die Antriebsscheibe *a* trägt auf ihrer Welle das Zahnrad *b*, von dem aus durch ein Zwischenrad entweder Rad *d* oder die links von *d* gelegenen kleineren Räder anzutreiben sind. Die Welle *w* kann die Fräserspindel direkt oder durch Räderübersetzung treiben. Die Antriebswelle *t* macht stets dieselbe Umdrehungszahl, der Antrieb für den Schnitt geschieht nach oben, der für den Vorschub nach unten, beide erfolgen durch Stufenräder.

β) Um die elektrisch angetriebene Spindel nach Belieben still zu setzen oder laufen zu lassen, ordnet die

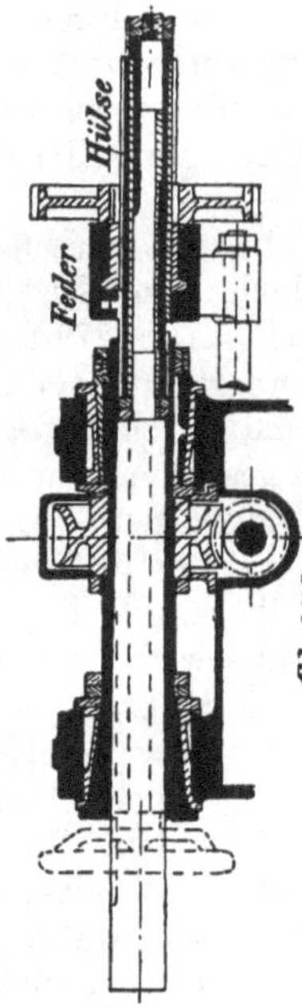

Abb. 276

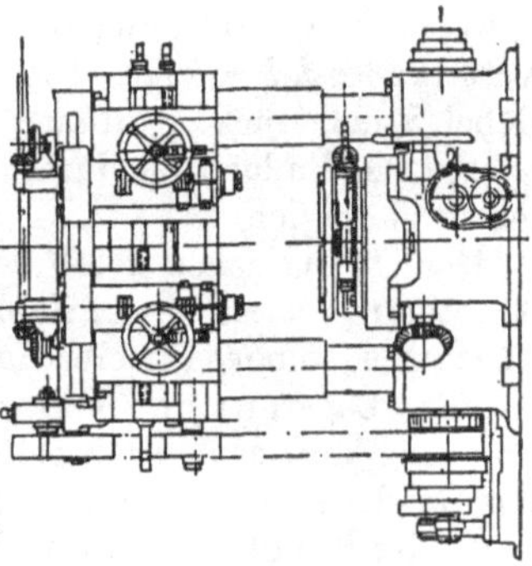

Abb. 274

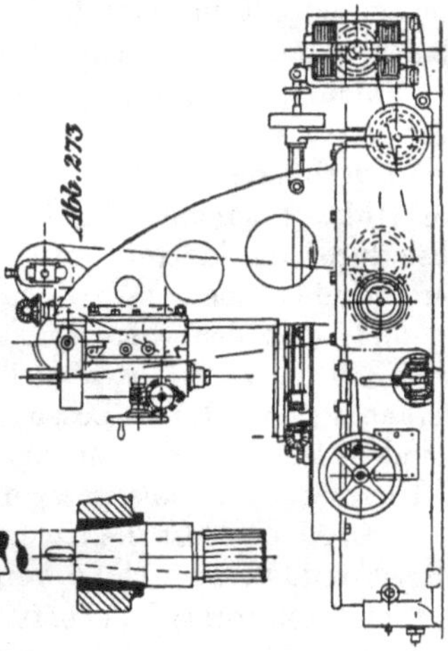

Abb. 273

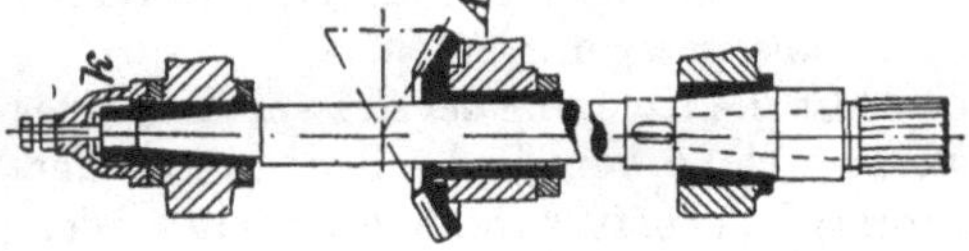

Abb. 275

Cincinnati Milling Co. (Abb. 278) eine Reibungskupplung an; beim Anlassen wird dann die Kraft des immer mit höchster Geschwindigkeit laufenden Motors allmählich auf die Maschine übertragen. Die Kupplung *r* sitzt auf der Welle *a* des vom Motor durch Kette angetriebenen Rades *b*, wobei die Übertragung auf die Fräserwelle *w* durch die Kettenräder *k k* erfolgt. Die Kupplung wird durch den Hebel *h* eingerückt, während bei Anwendung des Vorgeleges die Räder *l*, *m* durch den Hebel *i* zum Eingriff gebracht werden.

Das Herausziehen der Fräserspindel ist bei manchen Befestigungsweisen ziemlich umständlich. Um dies zu erleichtern, wendet dieselbe Fabrik eine in Abb. 279 dargestellte Lagerung an. Das gezeichnete Hauptlager ist sehr lang und schlank kegelförmig und durch die auf dem Gewinde der Lagerbüchse sitzende gespaltene Mutter *g* wird der Hauptzapfen in die Büchse eingezogen. Durch die Schraube *b* in einer Hülse *h*, die auf der Nabe des Rades *f* sitzt, wird eine Leiste *c* gegen die geriefte Fläche der Spindel *d* gepreßt, so daß sich Rad *f* weder drehen noch verschieben kann, wodurch auch die Hülse *h* mit *d* und *f* verbunden wird. Durch eine Feder *m* wird der in der Hülse *h* sitzende Riegel nach links gedrückt, kann aber durch die Mutter *l* zurückgedrückt werden. Greift der Riegel in eine der Vertiefungen der Stufenscheibe, so ist diese mit der Fräserspindel *d* gekuppelt, während nach Zurückziehen von *i* das Vorgelege eingerückt werden kann. Durch Lösen der Schraube *b* kann die Spindel *l* leicht nach rechts aus ihrem Lager, dem Rade *f* und der Stufenscheibe gezogen werden.

γ) In Abb. 280 ist die Lagerung der Frässpindel *g* einer Schneckenradfräsmaschine von J. E. Reinecker dargestellt, deren übrige Teile später zu besprechen sein werden.

Schnecke und Schneckenrad werden zum Antriebe der Frässpindel verwendet, wenn die Welle der

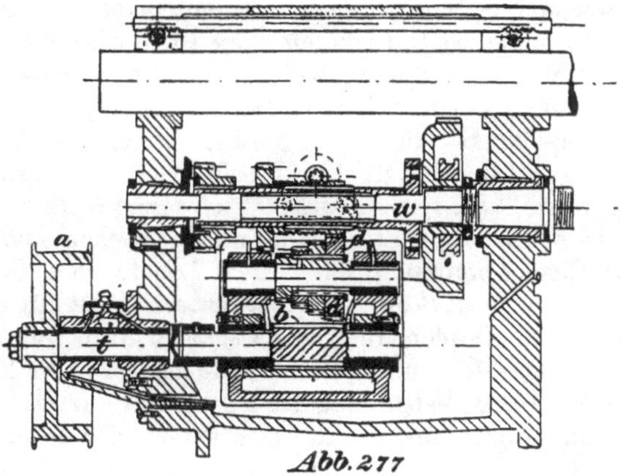

Abb. 277

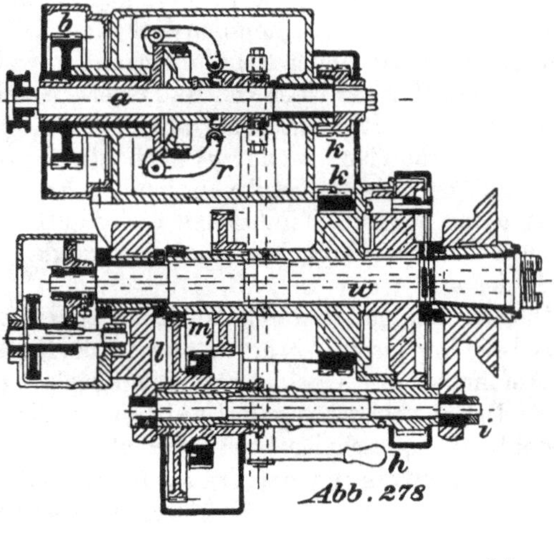

Abb. 278

antreibenden seitlich gelegenen Stufenscheibe senkrecht zur Frässpindel liegt. In diesem Falle treibt die Schnecke auf der Welle der Stufenscheibe das auf der Achse der Frässpindel sitzende Schneckenrad (Abb. 276).

Die Bedingung für die Lagerung senkrechter Frässpindeln sind im wesentlichen dieselben wie für liegende, wobei verstellbare Spindelstöcke für schwerere Werkstücke wegen der leichteren Einstellbarkeit vorzuziehen sind.

δ) Eine Anordnung mit festen Lagern von *Collet & Engelhard* zeigt Abb. 275. Das untere Lager für den konischen Laufzapfen erhält manchmal zur Aufnahme des Achsialdrucks ober- und unterhalb Kugellager (Abb. 281) und wird zwecks Verstellung der Büchse mit dazwischenliegender Mutter ausgeführt. Das entsprechende obere Lager (Abb. 282) zeigt eine nachstellbare konische Büchse *k*. Der Antrieb erfolgt hier durch eine am Gestell *a* aufgekeilte Riemenscheibe *r*. Der Lagerbock *b* trägt n zwei Armen die Bolzen *f* mit den drehbaren Zahnrädern und *g*, die in die Räder *a* und *c* eingreifen, wobei sich die Frässpindel in der Nabe von Rad *c* verschieben kann. Dieses ist mit der Riemenscheibe durch einen Kupplungsbolzen *e* verbunden, wodurch auch die Frässpindel direkt mit der Riemenscheibe verbunden ist, wenn die Räder *c* und *d* durch Herabziehen von *d* außer Eingriff kommen. Soll mit Vorgelege gearbeitet werden, so sind die Räder *d* und *c* in Eingriff.

Die unteren, meist durch Muttern nachzustellenden konischen Lagerschalen werden außer mit Kugellagern zur Abfangung des Achsialdrucks mit Druckringen versehen. Die Feineinstellung wird meist durch mit Muttern verstellbare Lagerschalen bewerkstelligt.

b) Die **Befestigung der Fräser in der Spindel** geschieht bei kleineren Fräsern durch Einspannung des

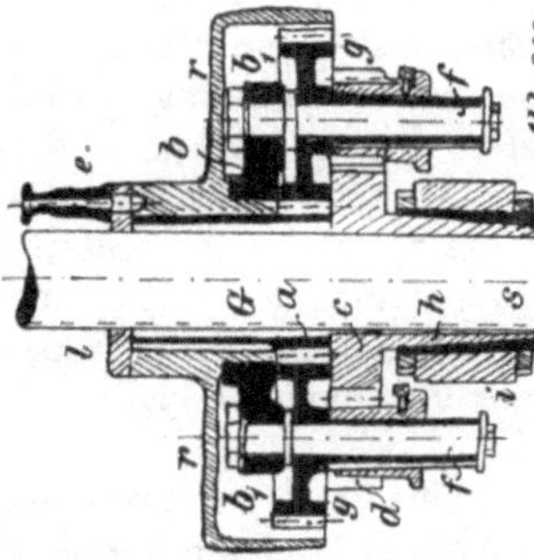

Abb. 282

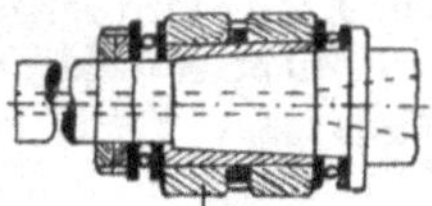

Abb. 281

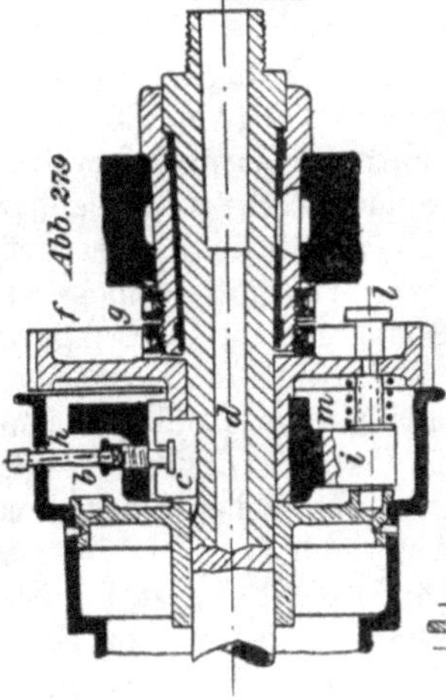

Abb. 279

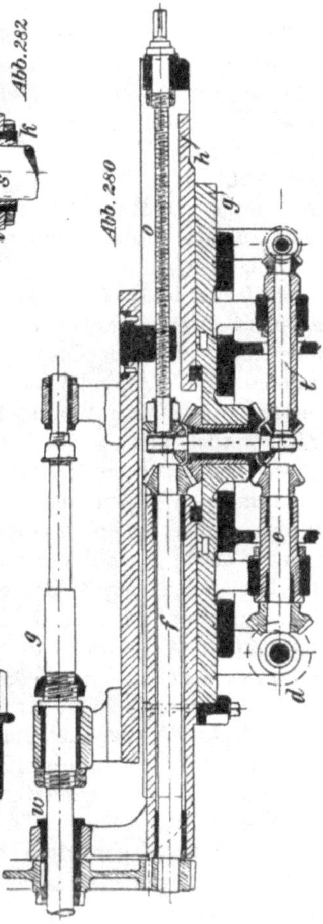

Abb. 280

mit ihnen aus einem Stück hergestellten schlank konischen Schaftes in die Fräserspindel durch einen Keil.

Besser aber ist es, den Fräser auf einem Dorn *d* zu befestigen (Abb. 283) und zu dessen Einspannung Spannfutter zu verwenden. Zu diesem Zweck werden in der hohlen Spindel *p* angeordnete Spannschrauben *s* verwendet, die den Fräserdorn in die Spindel hineinpressen, oder (Abb. 284) der Dorn *d* erhält feines Gewinde f_1 und wird durch eine Mutter *m*, die zugleich mit grobem Gewinde auf das vordere Ende der Frässpindel *p* paßt, angezogen.

Statt dessen läßt sich auch eine in der Frässpindel liegende Schraube verwenden (Abb. 285), deren vorderes Ende mit grobem Gewinde in den Fräserdorn eingreift, während die Frässpindel innen auf einer Strecke feines Muttergewinde für die Spannschraube trägt. Freitragende Fräser werden durch Gewinde auf dem Fräsdorn befestigt.

Da aber freifliegende Fräser oft stark vibrieren, wird in den meisten Fällen eine bessere Führung erforderlich. Zu diesem Zweck werden Gegenhalter (Abb. 269, 287) benutzt, die in geschlitzten und durch Klemmschrauben zu schließenden Lagern des Spindelstocks verschiebbar und drehbar sind. Die auf der einen Seite im Spindelstock eingespannte Welle findet in dem nach unten gebogenen Endes des Gegenhalters eine Stütze in einer Körnerspitze (Abb. 288), oder es ist in der Fräserwelle ein Körner befestigt (Abb. 289), der in einem Konus einer in den Gegenhalter eingelegten Büchse gestützt ist, oder die Fräserwelle wird durch einen eingesetzten zylindrischen Endzapfen vom Gegenhalter getragen (Abb. 280).

Da auch der Gegenhalter häufig nicht genügt, um Erschütterungen ganz fernzuhalten, so wird sein Ende durch einen Bock oder zwei scherenartige, zur Verstellung mit Schlitzen versehene Stützen gegen den Arbeitstisch versteift (Abb. 286).

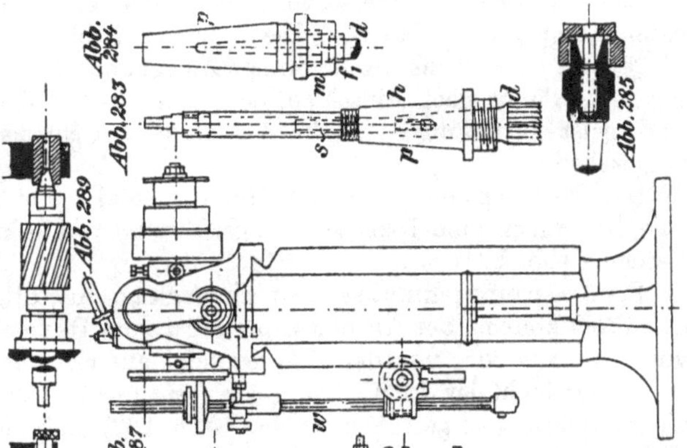

c) Der **Arbeitstisch** besteht aus einem am Gestell durch Kurbel, Kegelräder und Schraube von Hand in der Höhe verstellbaren Winkeltisch (Abb. 286, 287), wobei unter Umständen eine Differentialanordnung vorkommt, die aus einem parallel zur Frässpindel verstellbaren Bettschlitten mit einem senkrecht zur Frässpindel verschiebbaren Aufspanntisch besteht. Dieser besitzt (Abb. 290) ⊤, ⊥ oder schwalbenschwanzförmige Aufspannuten und für lange Tische noch Einschiebelöcher. An den Enden sind meist Vertiefungen für die Aufnahme von Spänen vorgesehen.

Der Bettschlitten kann von Hand ebenfalls durch eine Schraubenspindel in der Längsrichtung versteckt werden (Abb. 291).

Der Aufspanntisch muß seine Querbewegung selbsttätig ausführen können, der Antrieb kann dabei vom Deckenvorgelege aus oder von der Fräserspindel aus erfolgen.

α) Geschieht der *Antrieb* vom *Deckenvorgelege*, so kann die Einrichtung so getroffen werden (Abb. 292), daß die Welle w der unteren Stufenscheibe am Gestell unterbrochen ist und hier drei zusammenarbeitende Kegelräder die Verbindung wiederherstellen. Das mittlere Kegelrad x ist eingeschaltet, um die antreibende, parallel zur Fräserspindel liegende und teleskopartig ausgebildete Welle w_1 um die Achse des mittleren Kegelrades x, also in vertikaler Ebene schwingen zu lassen. Das ist deshalb nötig (Abb. 293), weil der längs dem Winkeltisch c verschiebbare und mit ihm auf und ab steigende Bettschlitten e eine anzutreibende Welle n enthält.

β) Der *Antrieb* des Schlittens von der *Frässpindel* aus durch Stufenscheiben kann entweder durch senkrechte oder wagerechte Wellen erfolgen, wobei der Antrieb innerhalb oder außerhalb des Tisches liegen kann, oder es kommen gelenkige Wellen zur Anwendung.

Bei außen liegendem Antrieb (Abb. 294) treibt die Welle der Stufenscheibe durch Schneckentrieb eine verti-

Abb. 291

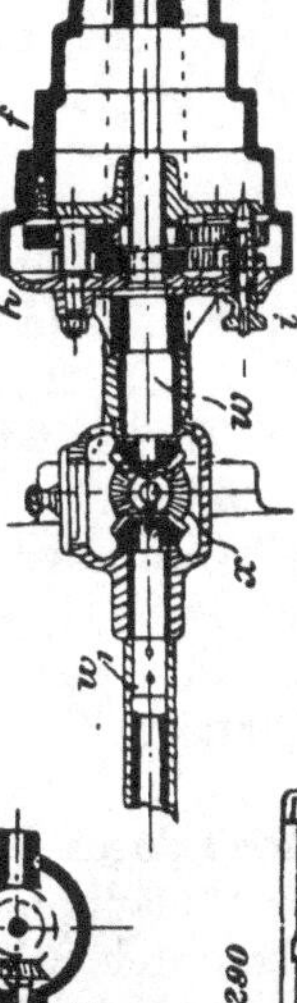

Abb. 292

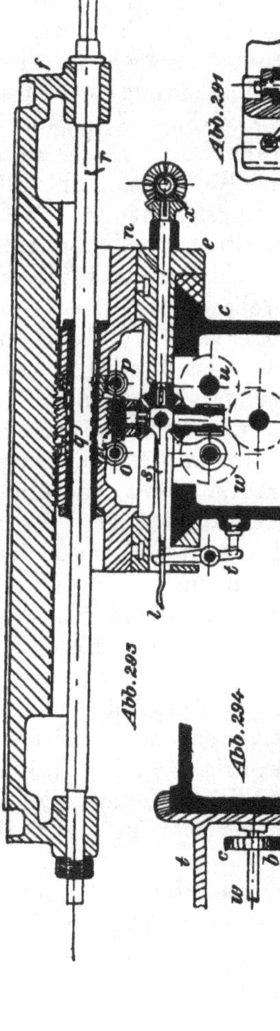

Abb. 293

Abb. 294

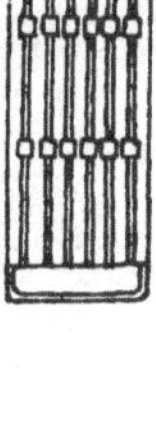

Abb. 290

kale genutete Welle *w* an, von dieser ist eine seitlich am Winkeltisch liegende Welle w_1 abgezweigt, von der aus durch Stirnräder *a*, *b*, *c* die im Winkeltisch *t* liegende Welle w_2 für den Antrieb des Bettschlittens dient. Der Antrieb der Spindel des Aufspanntisches geschieht von dieser längsgenuteten Welle aus unter Einschaltung eines kurzen vertikalen Wellenstücks durch zwei Paar Kegelräder.

Beim Antrieb von der Fräserspindel aus durch eine ausziehbare gelenkige Welle *w* (Abb. 295), deren Gelenke als Kreuz- oder Kugelgelenke ausgebildet sind und die von der Welle der Stufenscheibe betrieben wird, trägt die Tischspindel ein drehbares Lager *l*, in dem sich das Ende der genuteten Welle *w* verschieben kann, wenn der Winkeltisch gehoben oder gesenkt und der Bettschlitten *b* durch eine Schraube verstellt wird.

γ) Der Antrieb der *Spindel des Aufspannschlittens* kann durch Stirn- oder Kegelräder erfolgen. Im ersteren Falle (Abb. 297) dient eine im Bettschlitten gelagerte, der Tischspindel parallele Welle, die durch Schrauben- oder Schneckenräder angetrieben wird als Zwischenwelle, im zweiten Fall erfolgt der Antrieb von der im Winkeltisch liegenden, horizontalen Welle unter Einschaltung einer ebenfalls im Bettschlitten gelagerten vertikalen kurzen Welle durch zwei Paar Kegelräder (Abb. 298).

Der Antrieb durch Reibungsräder (Abb. 286, 287) läßt sich zweckmäßig anwenden, wenn der Antrieb des Spindelstocks durch Schneckengetriebe erfolgt. Hierbei dient eine seitlich der Maschine liegende, vertikale, genutete Welle *w* als Übertragungsmittel für die Tischbewegung.

δ) Die *Drehbarkeit des Aufspanntisches* der Universalfräsmaschine wird durch eine zwischen Tisch und Bett-

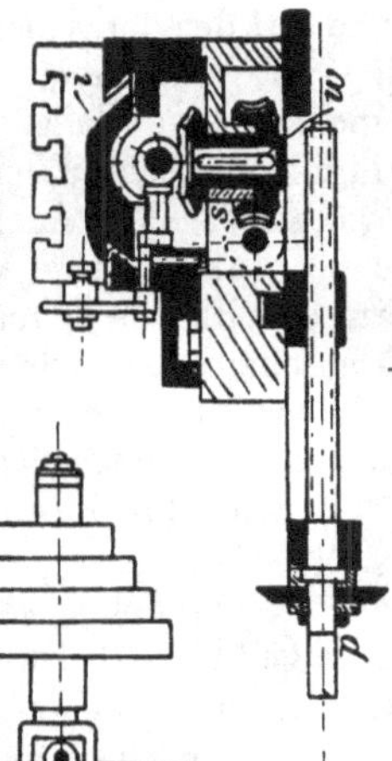

Abb. 296

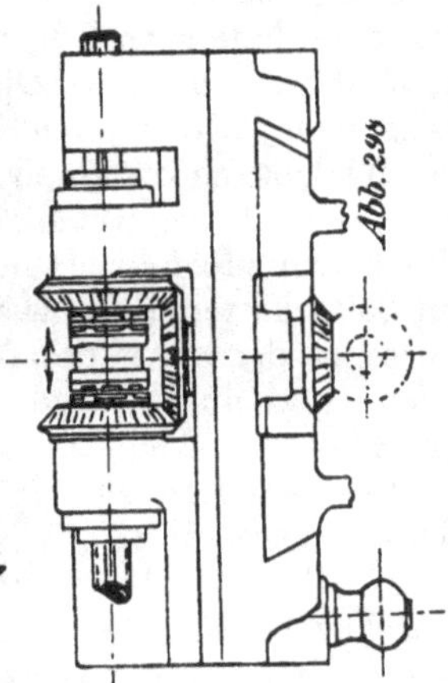

Abb. 298

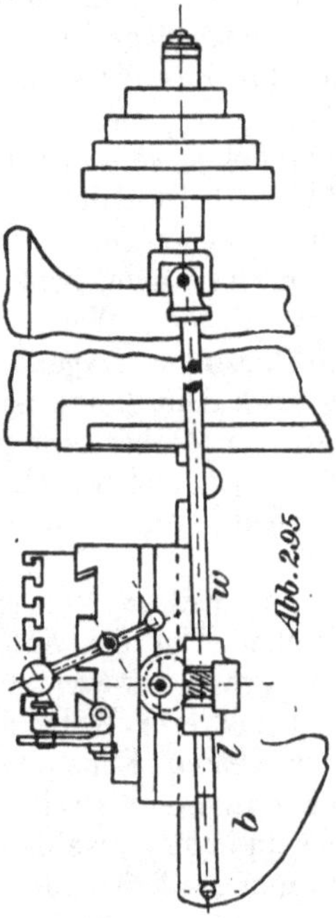

Abb. 295

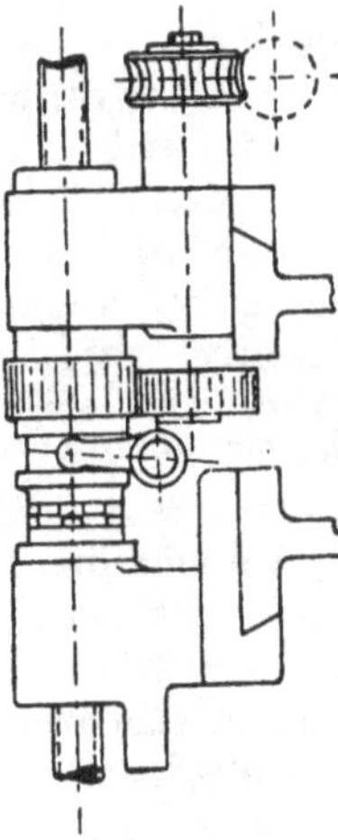

Abb. 297

schlitten angeordnete Drehscheibe erreicht, die sich auf letzterem feststellen läßt, und auf der der Aufspanntisch gedreht werden kann. Die Einrichtung zeigt Abb. 296 nebst dem Antrieb durch eine gelenkige Welle. Während der Winkeltisch von Hand durch eine Schraubenspindel *p* bedient wird, betreibt die außen liegende Antriebswelle durch Schrauben- oder Schneckenräder eine Querwelle im Bettschlitten und eine auf ihr sitzende Schnecke *s* die kurze, in der Achse der Drehscheibe liegende Welle *w*. Diese trägt ein Kegelrad, das mit zwei Kegelrädern auf der genuteten Tischspindel *i* ein Wendegetriebe bildet.

Eine ähnliche Einrichtung wird für innenliegenden Antrieb ausgeführt.

ε) Die *Tischanordnung* einer Schneckenradfräsmaschine von *J. E. Reinecker* zeigt Abb. 280. Die Antriebswelle *d* treibt durch Winkelräder die Welle *e* und diese wiederum durch zwei Kegelräder und eine kurze, hohle, stehende Welle, die in der Platte *h* gelagerte Welle *f*, von der aus durch Stirnräder die den Fräserdorn tragende Welle *w* angetrieben wird. Durch diese Anordnung ist es möglich, daß sich die Platte *h* auf der Drehscheibe *g* drehen kann, so daß sich der Fräserdorn rechtwinklig oder geneigt gegen einen Dorn einstellen kann, auf dem das Werkstück aufgesteckt ist.

ζ) Abb. 293 zeigt die *Antriebsvorrichtung* einer *Universalfräsmaschine* derselben Firma. Um die Aufspannplatte *f* selbsttätig vor- und rückwärts bewegen zu können, betreibt die im Schlitten *e* gelagerte Welle *n* eine kurze stehende Welle, die am oberen Ende ein Schraubenrad trägt. Dieses treibt durch ein zweites Schraubenrad eine querliegende Welle und von ihr werden durch Kegelradpaare die Schnecke *o* und das Schraubenrad *p* betrieben. Die kurze Schraube *q* wird beim Arbeitsweg des Schlittens *f* von der Schnecke *o* für den Rückgang vom Schraubenrad *p* gedreht, wozu *q* in eine lange Mutterhälfte greift; außerdem sitzt *q* fest in einer an der Drehscheibe gelagerten Hohlwelle, die durch Nut und Feder mit der Welle *r* verbunden ist. Durch eine auf *r* gesteckte Handkurbel kann die Schraube *q* nach Ausrückung von *o* und *p* gedreht werden, und man kann, da sich *r* geradeso wie *q* dreht, von *r* Bewegungen ableiten, die in festem Verhältnis zu der Verschiebung des Schlittens stehen.

η) Bei neueren Fräsmaschinen findet sich oft die Einrichtung, daß die *Bewegung* des *Winkeltisches*, des *Bettschlittens* und des *Aufspanntisches selbsttätig* erfolgen, die außerdem sämtlich durch Handbetrieb möglich sind.

Eine derartige Anordnung zeigen die Abb. 299—302. Der am Bett *b* geführte Winkeltisch *t* wird (Abb. 299) durch die Schraube *s*, die unten in einer festen Mutter gelagert ist, gehoben. Für den Handantrieb übertragen die Kegelräder r_1, r_2, r_3. Die Bewegung des Querschlittens *q* geschieht durch die Spindel *i*, deren Mutter sich an einem Arm *a* befindet. Der Arbeitstisch *h* wird ebenfalls durch eine Schraubenspindel *p* in der Mutter *u* bewegt. Die Bewegung von Hand erfolgt hier durch die Räder r_4, r_5, die vertikale Welle *w* und Rad r_6 (Abb. 299) und Spindel i_1. Der Selbstgang wird durch die Räder r_8, r_7, die Welle w_2 (Abb. 302b), sowie das Schneckengetriebe *k* bewegt (Abb. 302), wobei die Schneckenachse w_3 in *l* gelagert ist. Durch Drehung des Handhebels wird durch das Exzenter *e* der Eingriff das Schneckenradgetriebes bewirkt. Die Schnecke *k* kann sowohl von Hand durch die Stirnräder r_9, r_{10}, die Welle w_4 und Handrad h_2, mit Selbstgang von der Antriebsstange *g* (Abb. 302b) betrieben werden. Durch Umlegen von Handhebel h_3 läßt sich Rad r_9 mit r_{10} oder r_{11} in Eingriff bringen, wodurch sich der Drehsinn der Schnecke k umkehrt. Auch die Bewegung des Querschlittens q läßt sich umkehren. Die automatische Bewegung des Winkeltisches geschieht durch Stirnrad r_{12} und die Übersetzung r_{13} und r_3.

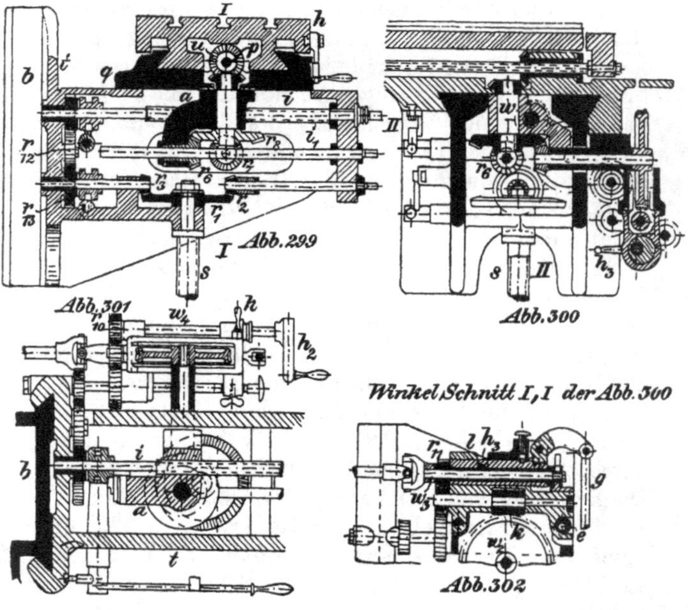

Abb. 302a zeigt den Tischantrieb einer Universalfräsmaschine von **Frister & Roßmann**, der nach dem Vorhergehenden verständlich sein dürfte.

Um stets dieselben Längen zu fräsen, wie es Massenherstellung fordert, sind stets Selbstausrückungen für den Aufspanntisch vorgesehen, durch welche die Tischspindel auszuschalten ist. Diesem Zweck dienen verstellbare Anschläge, durch die bei außenliegendem Antrieb durch Schnecke und Schneckenrad entweder diese oder die Schnecke auszurücken ist (vgl. Abb. 117 und 119). Oft wird die Kupplung des Schneckenrades durch Hand oder durch eine Schiene ausgerückt, die vom Anschlag am Aufspanntisch verschoben wird.

Die selbsttätige Umkehr des Tisches kann auch durch mit Gewichten versehene Steuerungsvorrichtungen, Kipphebel (vgl. S. 36) erreicht werden, die durch Anschläge des Tisches umgelegt werden.

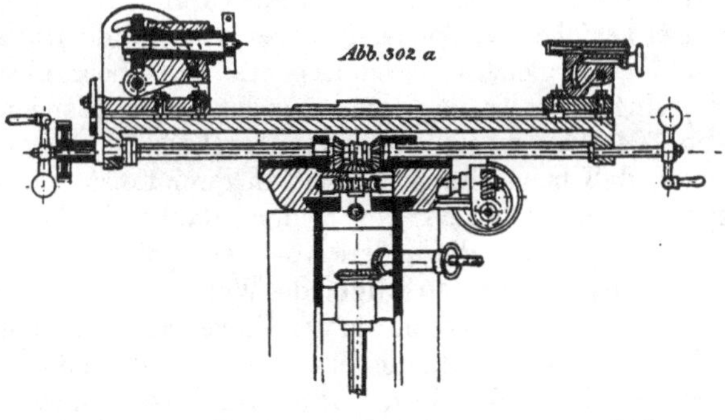

ϑ) *Beschleunigter Rückgang* des Tisches läßt sich durch Verwendung eines Schneckenradgetriebes für den Arbeitsgang, von Schraubenrädern für den Rückgang erreichen.

Eine derartige Einrichtung von *J. C. Reinecker* zeigen die Abb. 293, 303, 305. Die lose auf Stangen *s* sitzende und von der Welle *d* durch Kegelräder angetriebene Schnecke *o* und Schraubenrad *p* werden durch Senken von *s* außer Eingriff mit dem Rade der kurzen Schraube *q* (vgl. Abb. 293) gebracht. Die Stangen *s* können um die Achse der Querwelle *w* schwingen und es ragt jede mit einem

Handgriff *l*, durch den sie gehoben werden können, aus der Drehscheibe seitlich heraus. In der gezeichneten Lage ruhen sie auf der Nase eines doppelarmigen Hebels *t*, der durch eine liegende Feder in seiner Lage gehalten wird, während eine senkrechte Feder die Stangen *s* schnell nach unten treibt, wenn die Nase des Hebels *t* sie freigibt. Ist der Aufspanntisch *f* (Abb. 293) am Ende seines Hubes angekommen, so drängen Anschläge an ihm das obere Ende des Hebels *t* hinweg und lösen je nach der Bewegungsrichtung des Tisches entweder das Schneckengetriebe oder die Schraubenräder aus. Durch Heben der Lappen *l* erfolgt das Wiedereinrücken von Hand. Um zu verhüten, daß gleichzeitig Schneckenrad *o* und Schraubenrad *p* eingerückt ist, liegt quer über den beiden Stangen *s* (Abb. 304, 305) ein frei drehbarer Hebel *m*, der zwar gestattet, daß beide Stangen *s* sich in ihrer tiefsten Lage befinden, aber nur einer von beiden erlaubt, die höhere Lage anzunehmen, die andere also verriegelt.

d) **Einspannvorrichtungen** des Werkstücks. Für eine große Anzahl von Arbeiten auf der Universalfräsmaschine muß sich das Werkstück um seine Achse drehen und unter jedem beliebigen Winkel zur Achse des Fräsers einstellen lassen. Diesem Zwecke dient der Teilkopf. Er besteht (Abb. 306, 307) aus einer, ihrer ganzen Länge nach durchbohrten Teilspindel *p*, in deren konisch gebohrtem Ende ein Körner eingespannt werden kann. An ihrem anderen Ende trägt sie ein geteilt ausgeführtes Schneckenrad *v* mit meist 40 Zähnen. Die Spindel steckt in einem Spindelkopf, der sich in einen kreisförmigen Schlitz *i* in den Seitenwangen des Gehäuses durch eine Schraube in einer vertikalen Ebene feststellen läßt und sich durch zwei Lappen um zwei Laufbüchsen einer Welle dreht, die in den Seitenwangen gelagert ist.

In der Mitte trägt diese Welle eine Schnecke, die in das Schneckenrad eingreift. Um den Spindelkopf um

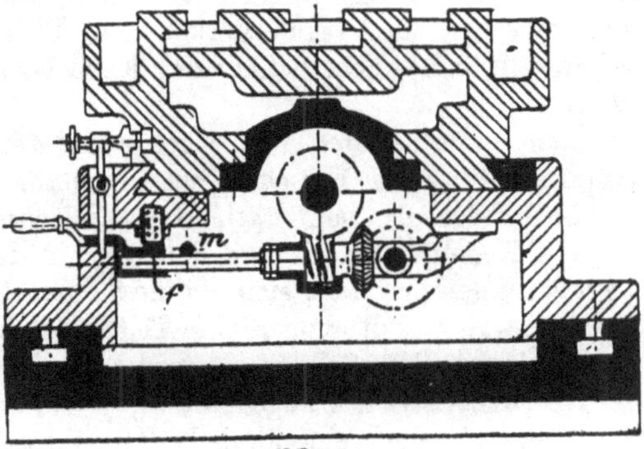

Abb. 303

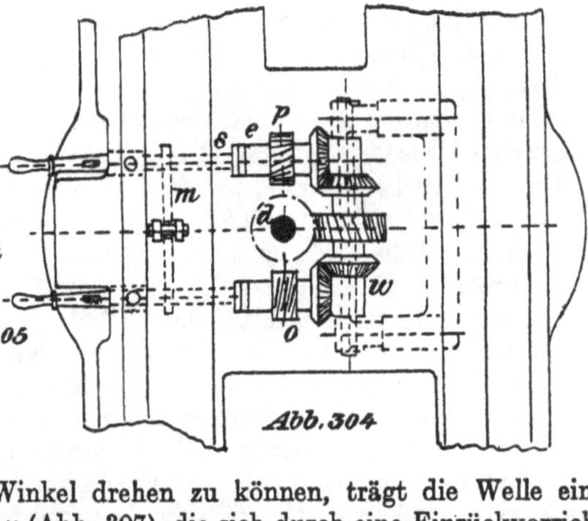

Abb. 304

Abb. 305

jeden Winkel drehen zu können, trägt die Welle eine Kurbel y (Abb. 307), die sich durch eine Einrückvorrichtung auf den einzelnen Körnerlöchern einer Teilscheibe *b* einstellen läßt, indem sie außer der Drehung auch eine radiale Verschiebung des Körners gestattet, was man dadurch erreicht, daß ein vierkantiges Stück der Schneckenwelle von einem Schlitz des Kurbelarms umfaßt wird.

Muß dem eingespannten Werkstück außer dem vom Aufspanntisch erteilten Vorschub eine Drehung erteilt werden, so erfolgt dies selbsttätig durch Wechselräder r_1, r_2, r_3 und Kegelräder k_1, k_2, von denen k_2 mit der Teilscheibe *b* verbunden ist, aber sich um die Schneckenwelle drehen kann, während die eingerückte Teilkurbel die Teilscheibe mitnimmt. Der Selbstgang wird hierbei von der Spindel des Arbeitstisches abgeleitet.

Abb. 310, 311 zeigen eine ähnliche Ausführung eines Teilkopfes, bei der sich die erforderliche Verriegelung der Teilscheibe erkennen läßt. Kräftige Bauart und Fehlen von totem Gang sind Hauptbedingungen für die Möglichkeit genauer Einstellung.

Teilköpfe werden in den verschiedensten Konstruktionen ausgeführt, sie enthalten aber stets die oben erläuterten Teile.

Um das Werkstück zwischen Spitzen einspannen zu können, befindet sich (Abb. 302a) auf der Aufspannplatte ein Reitstock, dessen Körner sich meist in einer lotrechten Ebene drehen läßt.

Die Körnerkreise liegen auf der Teilscheibe in konzentrischen Kreisen, auf dem äußersten Kreis sind 40 Teile, so daß, wenn die Teilscheibe hier um einen Körner gedreht ist, $^1/_{40}$ der vollen Umdrehung der Teilscheibe ausgeführt ist. Um z. B. $^1/_8$ Umdrehung auszuführen, ist die Scheibe am äußersten Kreise um 5 Körnerkreise weiterzurücken. Um dieselbe Drehung wird die

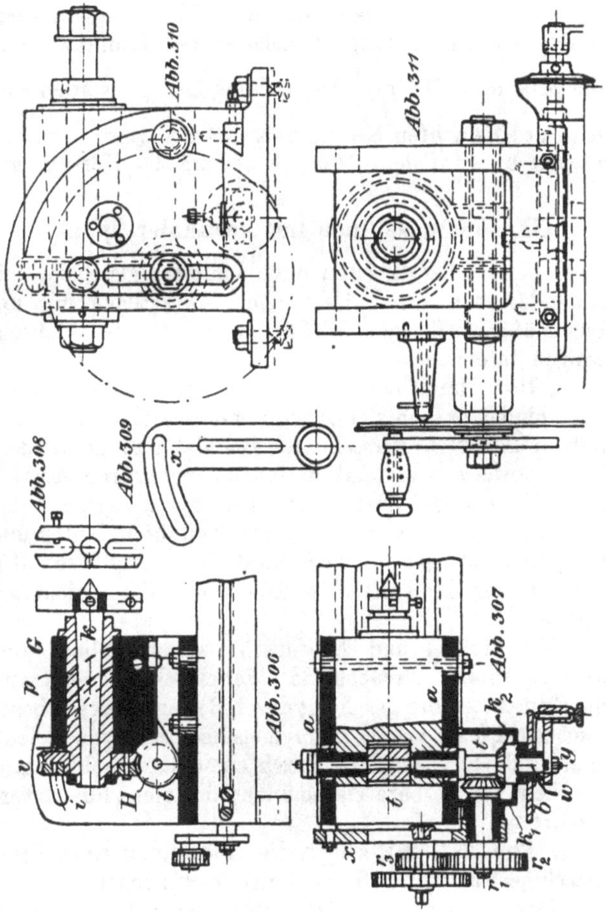
Abb. 310
Abb. 311
Abb. 309
x
Abb. 308
p
G
k
v
i
H
t
Abb. 306
a
a
t
t
Abb. 307
k2
y
w
o
k1
x
r3
r2
r1

Teilscheibe auch verstellt, wenn man auf dem 8. Körnerkreis um 1, auf dem 16. um 2 Körnerkreise weiterdreht. Die Einrichtung ist meist so getroffen, daß wenn die Scheibe z. B. um $\frac{a}{b}$ Umdrehung bewegt werden soll, man auf dem $b$ten Körnerkreis um a Körner weiter zu rücken hat, auf dem $2b$ten Kreis um $2a$ Körner usw.

III. Fräsmaschinen mit vertikaler Spindel

sind für manche Arbeiten weit bequemer als solche mit liegender, namentlich lassen sich Werkstücke mit unregelmäßigen Formen leichter in verschiedenen Richtungen führen.

1. Ihre Hauptbauarten werden entweder mit fester Frässpindel und in der Höhe verstellbarem Tisch oder mit in Schlitten verstellbarer Spindel und gleitendem Tisch, sowie mit vertikal, horizontal und schräg verstellbarer Frässpindel ausgeführt. Besonders werden Fräsmaschinen für die Herstellung von Keilnuten, Nuten und länglichen Löchern mit horizontal gleitendem Tisch ausgeführt, der dann oft eine Höhenverstellung nicht gestattet.

Sind Spindel und Arbeitsschlitten verstellbar ausgeführt, so wird zunächst das Werkstück angesetzt und die Feineinstellung geschieht durch Bewegung des Arbeitstisches. Dieser erhält dann meist selbsttätigen Selbstgang und Querbewegung durch einen Kreuzschlitten.

Nicht verstellbare Tische finden sich meist für schwere Bauarten.

2. Abb. 271, 272 zeigen die Anordnung einer Fräsmaschine mit fester Spindel und elektrischem Antrieb von Droop & Rein. Der Motor sitzt auf dem oberen

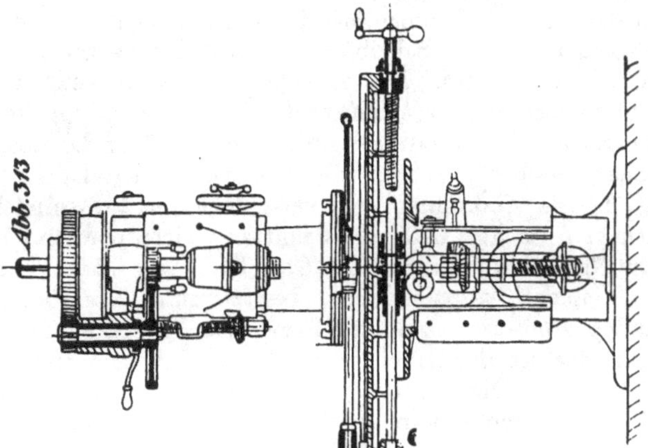

Abb. 313

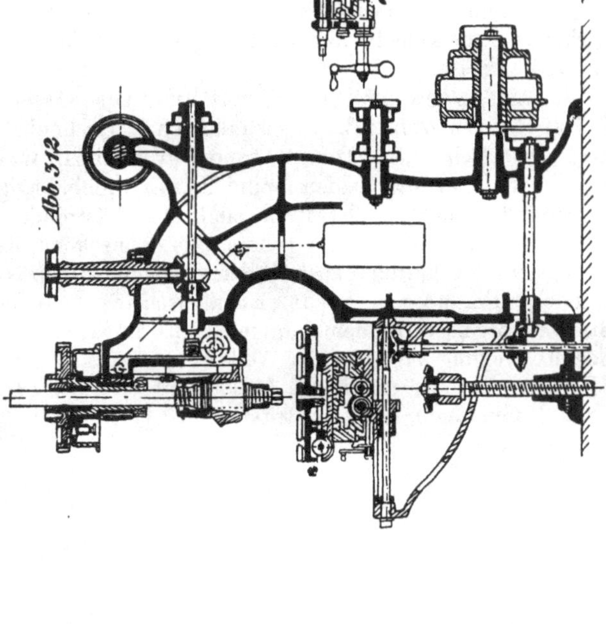

Abb. 312

Teil des Ständers und dreht durch Vorgelege die untere Stufenscheibe. Von hier aus wird eine auf der Frässpindel angeordnete breite Scheibe unter Einschaltung von Leitrollen angetrieben. Die Scheibe ist entweder mit der Frässpindel gekuppelt oder treibt sie durch ein doppeltes Vorgelege. Die Schaltbewegung wird von einer der Leitrollen durch eine sechsstufige Scheibe abgeleitet.

3. Die Anordnung mit **verschiebbarer Frässpindel** zeigen Abb. 312, 313. Ihr Schlittengewicht wird durch ein Gewicht im Innern des Gestells ausgeglichen. Die Frässpindel ist zylindrisch, besitzt zum Nachstellen außen konische geschlitzte Lager aus Phosphorbronze, und der axiale Druck wird durch Druckringe aufgenommen. Die Selbstgänge des Tisches werden von der längsgenuteten Frässpindel abgeleitet, so daß auch bei eingerücktem Rädervorgelege die den Selbstgang bewirkende Stufenscheibe mit der Frässpindel gleiche Umlaufszahl erhält.

4. Eine **zweispindlige Fräsmaschine** von Droop & Rein zeigen Abb. 273, 274. Ähnlich einer Tischhobelmaschine ist ein Querbett an 2 Ständern verstellbar, und an diesem sind die beiden Spindelkasten unabhängig voneinander, in den letzteren sind die Frässpindeln vertikal verschiebbar. Eine gemeinsame Schneckenwelle bewegt durch Schraubenräder die Schwanzenden der Frässpindeln. Der Motor treibt durch Stufenscheiben und ein Stirnradvorgelege die gemeinsame Schneckenwelle. Die Schaltbewegung wird von der Welle der unteren Stufenscheiben, die quer durch das Maschinenbett geht, von einer Stufenscheibe aus abgeleitet.

IV. Kopierfräsmaschinen,

die zu massenweiser Herstellung unregelmäßig geformter Werkstücke dienen und meist zum Fräsen von Stirn- und Plankurven benutzt werden können, besitzen parallel zur vertikalen Frässpindel einen Kopierstift, der mit der Spindel in einem Schlitten gelagert ist und sich in einem an Ständern geführten Rahmen wagerecht verstellen kann. Am Rahmen greift ein Spanngewicht oder eine Feder an, wodurch der Kopierstift gegen eine auf dem Tisch befestigte Schablone gedrückt wird, ihrer Begrenzung folgt und so die Frässpindel zu der gleichen Bewegung in bezug auf das neben der Schablone aufgespannte Werkstück veranlaßt. Der gerade Vorschub des Werkstücks erfolgt auf dem Arbeitstisch. Diese Maschinen werden häufig mit mehreren Frässpindeln ausgestattet.

Gibt man der Schablone und dem Werkstück eine drehende Bewegung und dem Fräser nur rotierende, so lassen sich durch die außerdem von der durch die Führung des Kopierstiftes an der Schablone erzeugten Querbewegung unrunde Nuten in Scheiben, Schlitze, unrunde Kurven u. dgl. ausfräsen.

Abb. 314, 315 zeigen eine derartige Maschine. Die Schablonenscheibe *m* ist auf der Schablonenspindel befestigt, die mit der Arbeitsspindel zusammen ihren Antrieb durch eine vierstufige Riemenscheibe erhält.

Die Welle *g* dient der Handbewegung, während der Kupplungshebel *d* die selbsttätige Rundschaltung bewirkt.

Der Bolzen für die Lagerung der Kopierrolle ist in einem Schlitten *c* gelagert, und dieser ist auf dem langen Schlitten *b* angeordnet, der durch ein Gewicht gegen die

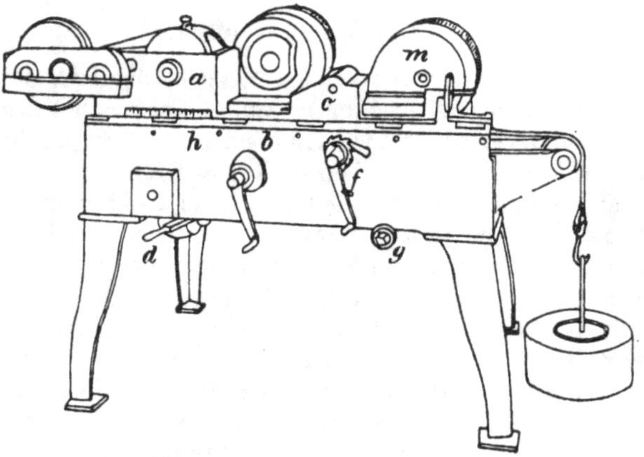

Abb. 314.

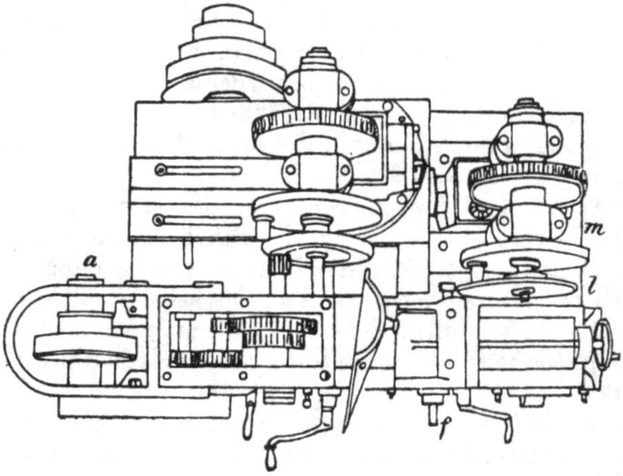

Abb. 315.

Schablone gedrückt wird. Der Spindelkasten *a* sitzt auf Schlitten *b*, der sich durch die Kurbel *f* hin und her

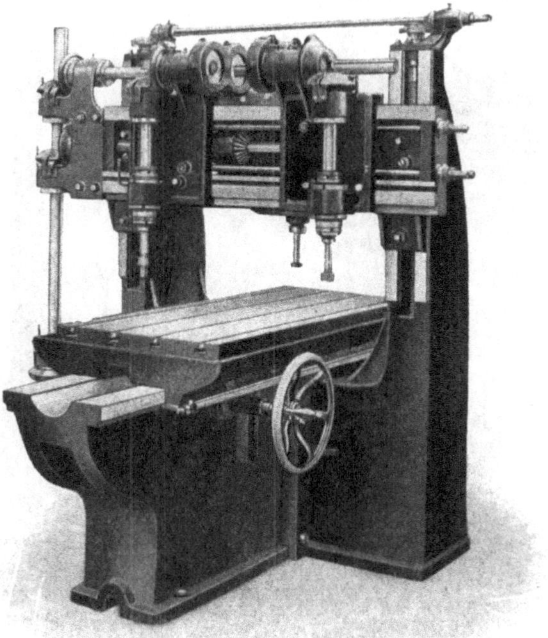

Abb. 316.

bewegen läßt. Eine Teilung am Spindelkasten ermöglicht die Feststellung der Entfernung von Mitte Fräser bis Mitte Arbeitsstück.

Die durch Kegelräder angetriebene Arbeitsspindel läßt sich um 90° drehen, um sowohl Plan- als Stirnkurven herstellen zu können.

Abb. 317.

In den Abb. 316—319 sind noch einige Typen von Fräsmaschinen dargestellt, wie sie von J. E. Reinecker, Chemnitz, gebaut werden.

Abb. 316 zeigt eine Vertikallangfräsmaschine mit drei

Vertikalspindeln, von denen die hintere drehbar ist, wie sie für den Bau von Automobilrahmen vielfach verwendet werden.

Abb. 318.

Abb. 318 zeigt eine Parallelfräsmaschine, die zwei parallele Seiten gleichzeitig bearbeitet.

Eine einfache Fräsmaschine zeigt Abb. 317, und Abb. 319 eine einfache Langfräsmaschine mit elektrischem Antrieb.

Abb. 319.

V. Überschläglicher Kraftbedarf von Fräsmaschinen.

	Tischlänge mm	Tischbreite mm	Durchgang zwischen Spindel und Tisch mm	PS
Universalfräs-	750	130	300	1
maschinen	1480	280	350	1
Planfräs-	1760	350	550	3
maschinen	3000	1320	1100	5

Räderfräsmaschinen für Räder von 500—1200 mm Durchmesser 2 PS
„ „ „ „ 500—1200 mm „ 3 „

Register.

Sammlung Göschen

Jeder Band in Leinw. geb. **90 Pf.**

Verzeichnis der bis jetzt erschienenen Bände

Abwässer. Wasser und Abwässer. Ihre Zusammensetzung, Beurteilung u. Untersuchung von Professor Dr. Emil Haselhoff, Vorsteher der landw. Versuchsstation in Marburg in Hessen. Nr. 473.

Ackerbau- u. Pflanzenbaulehre v. Dr. Paul Rippert i. Essen u. Ernst Langenbeck, Gr.-Lichterfelde. Nr. 232.

Agrarwesen und Agrarpolitik von Prof. Dr. W. Wygodzinski in Bonn. 2 Bändchen. I: Boden u. Unternehmung. Nr. 592.

— — II: Kapital u. Arbeit in der Landwirtschaft. Verwertung der landwirtschaftl. Produkte. Organisation des landwirtschaftl. Berufsstandes. Nr. 593.

Agrikulturchemie I: Pflanzenernährung v. Dr. Karl Grauer. Nr. 329.

Agrikulturchemische Kontrollwesen, Das, v. Dr. Paul Krische in Leopoldshall-Staßfurt. Nr. 304.

— **Untersuchungsmethoden** von Prof. Dr. Emil Haselhoff, Vorsteher der landwirtschaftl. Versuchsstation in Marburg in Hessen. Nr. 470.

Akkumulatoren, Die, für Elektrizität v. Kais. Reg.-Rat Dr.-Ing. Richard Albrecht in Berlin-Zehlendorf. Mit 52 Figuren. Nr. 620.

Akustik. Theoret. Physik I: Mechanik u. Akustik. Von Dr. Gustav Jäger, Prof. an d. Techn. Hochschule in Wien. Mit 19 Abb. Nr. 76.

— **Musikalische,** von Professor Dr. Karl L. Schäfer in Berlin. Mit 36 Abbild. Nr. 21.

Algebra. Arithmetik und Algebra von Dr. H. Schubert, Professor an der Gelehrtenschule des Johanneums in Hamburg. Nr. 47.

Algebra. Beispielsammlung z. Arithmetik und Algebra von Dr. Herm. Schubert, Prof. a. d. Gelehrtenschule d. Johanneums i. Hamburg. Nr. 48.

Algebraische Kurven. Neue Bearbeitung von Dr. H. Wieleitner, Gymnasialprof. i. Pirmasens. I: Gestaltliche Verhältnisse. Mit zahlreichen Fig. Nr. 435.

— II: Theorie u. Kurven dritter u. vierter Ordnung v. Eugen Beutel, Oberreall. in Vaihingen-Enz. Mit 52 Fig. im Text. Nr. 436.

Algen, Moose und Farnpflanzen von Professor Dr. H. Klebahn in Hamburg. Mit zahlr. Abbildungen. Nr. 736.

Alpen, Die, von Dr. Rob. Sieger, Professor an der Universität Graz. Mit 19 Abb. u. 1 Karte. Nr. 129.

Althochdeutsche Grammatik von Dr. Hans Naumann, Privatdozent an der Universität Straßburg. Nr. 727.

Althochdeutsche Literatur mit Grammatik, Übersetzung u. Erläuterungen v. Th. Schauffler, Prof. am Realgymnasium in Ulm. Nr. 28.

Althochdeutsches Lesebuch von Dr. Hans Naumann, Privatdozent an der Universität Straßburg. Nr. 734.

Alttestamentl. Religionsgeschichte von D. Dr. Max Löhr, Professor an der Universität Königsberg. Nr. 292.

Amphibien. Das Tierreich III: Reptilien u. Amphibien v. Dr. Franz Werner, Prof. an der Universität Wien. Mit 48 Abbild. Nr. 383.

Analyse, Techn.-Chem., von Dr. G. Lunge, Prof. a. d. Eidgen. Polytechnischen Schule in Zürich. Mit 16 Abb. Nr. 195.

Bahnhöfe. Hochbauten der Bahnhöfe v. Eisenbahnbauinspekt. C. Schwab, Vorstand d. Kgl. E.-Hochbausektion Stuttgart II. **I: Empfangsgebäude,** Nebengebäude. Güterschuppen, Lokomotivschuppen. Mit 91 Abbildungen. Nr. 515.

Balkanstaaten. Geschichte d. christlichen Balkanstaaten (Bulgarien, Serbien, Rumänien, Montenegro, Griechenland) von Dr. K. Roth in Kempten. Nr. 331.

Bankwesen siehe: Kredit- und Bankwesen.

Bankwesen. Technik des Bankwesens von Dr. Walter Conrad, stellvert. Vorsteher der statist. Abteilung der Reichsbank in Berlin. Nr. 484.

Bauführung. Kurzgefaßtes Handbuch über das Wesen der Bauführung v. Archit. Emil Beutinger, Assistent an d. Techn. Hochschule in Darmstadt. M. 35 Fig. u. 11 Tabell. Nr. 399.

Baukunst, Die, des Abendlandes v. Dr. K. Schäfer, Assist. a. Gewerbemuseum, Bremen. Mit 22 Abb. Nr. 74.

— **des Schulhauses** v. Prof. Dr.-Ing. Ernst Vetterlein, Darmstadt. **I:** Das Schulhaus. M. 38 Abb. Nr. 443.

— — **II:** Die Schulräume — Die Nebenanlagen. M. 31 Abb. Nr. 444.

Baumaschinen, Die, von Ingenieur Johannes Körting in Düsseldorf. Mit 130 Abbildungen. Nr. 702.

Bausteine. Die Industrie der künstlichen Bausteine und des Mörtels von Dr. G. Rauter in Charlottenburg. Mit 12 Tafeln. Nr. 234.

Baustoffkunde, Die, v. Prof. H. Haberstroh, Oberl. a. d. Herzogl. Baugewerkschule Holzminden. Mit 36 Abbildungen. Nr. 506.

Bayern. Bayerische Geschichte von Dr. Hans Ockel i. Augsburg. Nr. 160.

— **Landeskunde des Königreichs Bayern** v. Dr. W. Götz, Prof. a. d. Kgl. Techn. Hochschule München. M. Profil., Abb. u. 1 Karte. Nr. 176.

Befestigungswesen. Die geschichtliche Entwicklung des Befestigungswesens vom Aufkommen der Pulvergeschütze bis zur Neuzeit von Reuleaux, Major b. Stabe d. 1. Westpreuß. Pionierbataill. Nr. 17. Mit 30 Bildern. Nr. 569.

Beschwerderecht. Das Disziplinar- u. Beschwerderecht für Heer u. Marine v. Dr. Max E. Mayer, Prof. a. d. Univ. Straßburg i. E. Nr. 517.

Betriebskraft, Die zweckmäßigste, von Friedr. Barth, Oberingen. in Nürnberg. 1. Teil: Einleitung. Dampfkraftanlagen. Verschied. Kraftmaschinen. M. 27 Abb. Nr. 224.

— — **II:** Gas-, Wasser- u. Wind-Kraftanlagen. M. 31 Abb. Nr. 225.

— — **III:** Elektromotoren. Betriebskostentabellen. Graph. Darstell. Wahl d. Betriebskraft. M. 27 Abb. Nr. 474.

Bevölkerungswissenschaft. Eine Einführung in die Bevölkerungsprobleme der Gegenwart von Dr. Otto Most, Beigeordneter der Stadt Düsseldorf, Vorstand des Städtischen Statistischen Amts und Dozent an der Akademie für kommunale Verwaltung. Nr. 696.

Bewegungsspiele v. Dr. E. Kohlrausch, Prof. am Kgl. Kaiser Wilh.-Gymn. zu Hannover. Mit 15 Abb. Nr. 96.

Bleicherei. Textil-Industrie III: Wäscherei, Bleicherei, Färberei und ihre Hilfsstoffe v. Dr. Wilh. Massot, Prof. a. d. Preuß. höh. Fachschule für Textilindustrie in Krefeld. Mit 28 Fig. Nr. 186.

Blütenpflanzen, Das System der, mit Ausschluß der Gymnospermen von Dr. R. Pilger, Kustos am Kgl. Botanischen Garten in Berlin-Dahlem. Mit 31 Figuren. Nr. 393.

Bodenkunde von Dr. P. Vageler in Königsberg i. Pr. Nr. 455.

Bolivia. Die Cordillerenstaaten von Dr. Wilhelm Sievers, Prof. an der Universitat Gießen. **I:** Einleitung, Bolivia u. Peru. Mit 16 Tafeln u. 1 lithogr. Karte. Nr. 652.

Brandenburg.-Preußische Geschichte von Prof. Dr. M. Thamm, Dir. des Kaiser Wilhelms-Gymnasiums in Montabaur. Nr. 600.

Brasilien. Landeskunde der Republik Brasilien von Bel Rodolpho von Ihering. Mit 12 Abbildungen und 1 Karte. Nr 373.

Brauereiwesen I: Mälzerei von Dr. Paul Dreverhoff, Dir. der Brauer- u. Mälzerschule zu Grimma. Mit 16 Abbildungen. Nr. 303.

— — **II: Brauerei.** Mit 35 Abbildungen. Nr. 724.

Dampfkessel, Die. Kurzgefaßtes Lehrbuch mit Beispielen für das Selbststudium u. den praktischen Gebrauch von Oberingenieur Friedr. Barth in Nürnberg. **I: Kesselsysteme und Feuerungen.** Mit 43 Fig. Nr. 9.

— — **II: Bau und Betrieb der Dampfkessel.** M. 57 Fig. Nr. 521.

Dampfmaschinen, Die. Kurzgefaßtes Lehrbuch mit Beispielen für das Selbststudium und den praktischen Gebrauch von Friedr. Barth, Oberingenieur in Nürnberg. 2 Bdchn. **I: Wärmetheoretische und dampftechn. Grundlag.** Mit 64 Fig Nr. 8.

— — **II: Bau u. Betrieb der Dampfmaschinen.** Mit 109 Fig. Nr. 572.

Dampfturbinen, Die, ihre Wirkungsweise u. Konstruktion von Ingen. Herm. Wilda, Prof. a. staatl. Technikum in Bremen. 3 Bdchn. Mit zahlr. Abb. Nr. 274, 715 u. 716.

Desinfektion von Dr. M. Christian, Stabsarzt a. D. in Berlin. Mit 18 Abbildungen. Nr. 546.

Determinanten von P. B. Fischer, Oberl. a. d. Oberrealsch. z. Groß-Lichterfelde. Nr. 402.

Deutsche Altertümer von Dr. Franz Fuhse, Dir. d. städt. Museums in Braunschweig. M. 70 Abb. Nr. 124.

Deutsche Fortbildungsschulwesen, Das, nach seiner geschichtlichen Entwicklung u. in seiner gegenwärt. Gestalt von H. Sierds, Revisor gewerbl. Fortbildungsschulen in Schleswig. Nr. 392.

Deutsches Fremdwörterbuch von Dr. Rud. Kleinpaul in Leipzig. Nr. 273.

Deutsche Geschichte von Dr. F. Kurze, Prof. a. Kgl. Luisengymnas. in Berlin. **I: Mittelalter** (bis 1519). Nr. 33.

— — **II: Zeitalter der Reformation und der Religionskriege** (1517 bis 1648). Nr. 34.

— — **III: Vom Westfälischen Frieden bis zur Auflösung des alten Reichs** (1648—1806). Nr. 35.

— — siehe auch: Quellenkunde.

Deutsche Grammatik und kurze Geschichte der deutschen Sprache von Schulrat Prof. Dr. O. Lyon in Dresden. Nr. 20.

Deutsche Handelskorrespondenz von Prof. Th. de Beaux, Officier de l'Instruction Publique. Nr. 182.

Deutsches Handelsrecht von Dr. Karl Lehmann, Prof. an der Universität Göttingen. 2 Bde. Nr. 457 u. 458.

Deutsche Heldensage, Die, von Dr. Otto Luitp. Jiriczek, Prof. a. d. Univ. Würzburg. Mit 5 Taf. Nr. 32.

Deutsche Kirchenlied, Das, in seinen charakteristischen Erscheinungen ausgewählt v. D. Friedrich Spitta, Prof. a. d. Universität in Straßburg i E. **I: Mittelalter u. Reformationszeit.** Nr. 602.

Deutsches Kolonialrecht von Prof. Dr. H. Edler von Hoffmann, Studiendirektor d. Akademie f. kommunale Verwaltung in Düsseldorf. Nr. 318.

Deutsche Kolonien. I: Togo und Kamerun von Prof. Dr. K. Dove. M. 16 Taf. u. 1 lithogr Karte. Nr. 441.

— **II: Das Südseegebiet und Kiautschou** von Prof. Dr. K. Dove. Mit 16 Tafeln u. 1 lith. Karte. Nr. 520.

— **III: Ostafrika** von Prof. Dr. K. Dove. Mit 16 Tafeln u. 1 lithogr. Karte. Nr. 567.

— — **IV: Südwestafrika** von Prof. Dr. K. Dove. Mit 16 Taf. und 1 lithogr. Karte. Nr. 637.

Deutsche Kulturgeschichte von Dr. Reinh. Günther. Nr. 56.

Deutsches Leben im 12. u. 13. Jahrhundert. Realkommentar zu den Volks- u. Kunstepen u. zum Minnesang. Von Prof. Dr. Jul. Dieffenbacher in Freiburg i. B. **I: Öffentliches Leben.** Mit zahlreichen Abbildungen. Nr. 93.

— — **II: Privatleben.** Mit zahlreichen Abbildungen. Nr. 328.

Deutsche Literatur des 13. Jahrhunderts. Die Epigonen d. höfischen Epos. Auswahl a. deutschen Dichtungen des 13. Jahrhunderts von Dr. Viktor Junk, Aktuarius der Kaiserlichen Akademie der Wissenschaften in Wien. Nr. 289.

Deutsche Literaturdenkmäler des 14. u. 15. Jahrhunderts. Ausgewählt und erläutert von Dr. Hermann Jantzen, Direktor d. Königin Luise-Schule in Königsberg i. Pr. Nr. 181.

— **des 16. Jahrhunderts. I: Martin Luther und Thom. Murner.** Ausgewählt und mit Einleitungen und Anmerkungen versehen von Prof. G. Berlit, Oberlehrer am Nikolaigymn. zu Leipzig. Nr. 7.

Differentialrechnung. Repetitorium u. Aufgabensammlung zur Differentialrechnung v. Dr. Friedr. Junker, Rektor des Realgymnasiums u. d. Oberrealschule in Göppingen. Mit 46 Fig. Nr. 146.

Disziplinar- u. Beschwerderecht für Heer u. Marine, Das, von Dr. Max E. Mayer, Professor a. d. Universität Straßburg i. E. Nr. 517.

Drogenkunde von Rich. Dorstewitz in Leipzig und Georg Ottersbach in Hamburg. Nr. 413.

Druckwasser- und Druckluft-Anlagen. Pumpen, Druckwasser- u. Druckluft-Anlagen von Dipl.-Ingen. Rudolf Vogdt, Regierungsbaumstr. a. D. in Aachen. Mit 87 Fig. Nr. 290.

Ecuador. Die Cordillerenstaaten von Dr. Wilhelm Sievers, Prof. an der Universität Gießen. **II:** Ecuador, Colombia u. Venezuela. Mit 16 Tafeln u. 1 lithogr. Karte. Nr. 653.

Eddalieder mit Grammatik, Übersetzg. u. Erläuterungen von Dr. Wilhelm Ranisch, Gymnasialoberlehrer in Osnabrück. Nr. 171.

Eisenbahnbau. Die Entwicklung des modernen Eisenbahnbaues v. Dipl.-Ing. Alfred Birk, o. ö. Prof. a. d. k. k. Deutschen Techn. Hochschule in Prag. Mit 27 Abbild. Nr. 553.

Eisenbahnbetrieb, Der, v. S. Scheibner, Königl. Oberbaurat a. D. in Berlin Mit 3 Abbildgn. Nr. 676

Eisenbahnen, Die Linienführung der, von H. Wegele, Professor an der Techn. Hochschule in Darmstadt. Mit 52 Abbildungen. Nr. 623.

Eisenbahnfahrzeuge von H. Hinnenthal, Regierungsbaumeister u. Oberingen. in Hannover. **I:** Die Lokomotiven. Mit 89 Abbild. im Text und 2 Tafeln. Nr. 107.

— — **II:** Die Eisenbahnwagen und Bremsen. Mit Anh.: Die Eisenbahnfahrzeuge im Betrieb. Mit 56 Abb. im Text u. 3 Taf. Nr. 108.

Eisenbahnpolitik. Geschichte d. deutschen Eisenbahnpolitik v. Betriebsinspektor Dr. Edwin Kech in Karlsruhe i. B. Nr. 533.

Eisenbahnverkehr, Der, v. Kgl. Eisenbahn-Rechnungsdirektor Th. Wilbrand in Berlin-Friedenau. Nr. 618.

Eisenbetonbau, Der, v. Reg.-Baumstr. Karl Rößle. M. 75 Abbild. Nr. 349.

Eisenbetonbrücken von Dr.-Ing. K. W. Schaechterle in Stuttgart. Mit 104 Abbildungen. Nr. 627.

Eisenhüttenkunde von A. Krauß, dipl. Hütteningenieur. **I:** Das Roheisen. Mit 17 Fig. u. 4 Taf. Nr. 152.

— — **II:** Das Schmiedeisen. M. 25 Fig. u. 5 Taf. Nr. 153.

Eisenkonstruktionen im Hochbau von Ingen. Karl Schindler in Meißen. Mit 115 Figuren. Nr. 322.

Eiszeitalter, Das, v. Dr. Emil Werth in Berlin-Wilmersdorf. Mit 17 Abbildungen und 1 Karte. Nr. 431.

Elastizitätslehre für Ingenieure I: Grundlagen und Allgemeines über Spannungszustände, Zylinder, Ebene Platten, Torsion, Gekrümmte Träger. Von Dr.-Ing. Max Enßlin, Prof. a. d. Kgl. Baugewerkschule Stuttgart und Privatdozent a. d. Techn. Hochschule Stuttgart. Mit 60 Abbild. Nr. 519.

Elektrischen Meßinstrumente, Die, von J. Herrmann, Prof. an der Techn. Hochschule in Stuttgart. Mit 195 Figuren. Nr. 477.

Elektrische Öfen von Dr. Hans Goerges in Berlin-Südende. Mit 68 Abbildgn. Nr. 704.

Elektrische Schaltapparate von Dr.-Ing. Erich Beckmann, Professor an der Technischen Hochschule Hannover. Mit 54 Fig. u. 107 Abb. auf 16 Tafeln. Nr. 711.

Elektrische Telegraphie, Die, von Dr. Lud. Rellstab. Mit 19 Fig. Nr. 172.

Elektrizität. Theoret. Physik III: Elektrizität u. Magnetismus von Dr. Gust. Jäger, Prof. a. d. Techn. Hochschule in Wien. Mit 33 Abbildgn. Nr. 78.

Elektrochemie von Dr. Heinr. Danneel in Genf. **I:** Theoretische Elektrochemie u. ihre physikalisch-chemischen Grundlagen. Mit 16 Fig. Nr. 252.

— — **II:** Experiment. Elektrochemie, Meßmethoden, Leitfähigkeit, Lösungen. Mit 26 Fig. Nr. 253.

Elektromagnet. Lichttheorie. Theoret. Physik IV: Elektromagnet. Lichttheorie u. Elektronik von Professor Dr. Gust. Jäger in Wien. Mit 21 Figuren. Nr 374.

Elektrometallurgie von Dr. Friedrich Regelsberger, Kaiserl. Reg.-Rat in Steglitz-Berlin. M. 16 Fig. Nr. 110.

Elektrotechnik. Einführung in die Starkstromtechnik v. J. Herrmann, Prof. d. Elektrotechnik an der Kgl. Techn. Hochschule Stuttgart. I: Die physikalischen Grundlagen. Mit 95 Fig. u. 16 Taf. Nr. 196.

— — II: Die Gleichstromtechnik. Mit 118 Fig. und 16 Taf. Nr. 197.

— — III: Die Wechselstromtechnik. Mit 154 Fig. u. 16 Taf. Nr. 198.

— — IV: Die Erzeugung und Verteilung der elektrischen Energie. Mit 96 Figuren u. 16 Tafeln. Nr. 657.

Elektrotechnik. Die Materialien des Maschinenbaues und der Elektrotechnik von Ing.-Prof. Herm. Wilda i. Bremen. M. 3 Abb. Nr. 476.

Elsaß-Lothringen, Landeskunde von, v. Prof. Dr. R. Langenbeck in Straßburg i. E. Mit 11 Abbild. u. 1 Karte. Nr. 215.

Englisch. Neuenglische Laut- u. Formenlehre siehe: Neuenglisch.

Englisch-deutsches Gesprächsbuch von Prof. Dr. E. Hausknecht in Lausanne. Nr. 424.

Englisch für Techniker. Ein Lese- und Übungsbuch f. Ing. u. zum Gebrauch an Techn. Lehranstalten. Unter Mitarb. v. Albany Featherstonhaugh, Dozent a. d. militärtechn. Akad. i. Charlottenburg herausgeg. von Ingenieur Carl Volk, Direktor der Beuth-Schule, Berlin. I. Teil. Mit 25 Fig. Nr. 705.

Englische Geschichte v. Prof. L. Gerber, Oberlehrer in Düsseldorf. Nr. 375.

Englische Handelskorrespondenz von E. E. Whitfield, M. A., Oberlehrer an King Edward VII Grammar School in King's Lynn. Nr. 237.

Englische Literaturgeschichte von Dr. Karl Weiser in Wien. Nr. 69.

Englische Literaturgeschichte. Grundzüge und Haupttypen d. englischen Literaturgeschichte von Dr. Arnold M. M. Schröer, Professor an der Handelshochschule in Köln. 2 Teile. Nr. 286, 287.

Englische Phonetik mit Lesestücken von Dr. A. E. Dunstan, Lektor an der Univ. Königsberg i. Pr. Nr. 601.

Entwicklungsgeschichte der Tiere von Dr. Johannes Meisenheimer, Prof. der Zoologie an der Universität Jena. I: Furchung, Primitivanlagen, Larven, Formbildung, Embryonalhüllen. Mit 48 Fig. Nr. 378.

Entwicklungsgeschichte der Tiere von Dr. Joh Meisenheimer, Prof. der Zool. a. d. Univ. Jena. II: Organbildg. Mit 46 Fig. Nr. 379.

Epigonen, Die, des höfischen Epos. Auswahl aus deutschen Dichtungen des 13. Jahrhunderts von Dr. Viktor Junk, Aktuarius d. Kaiserl. Akad. der Wissenschaften in Wien. Nr. 289.

Erbrecht. Recht des Bürgerl. Gesetzbuches. Fünftes Buch: Erbrecht von Dr. Wilhelm von Blume, ord. Prof. der Rechte an der Univ. Tübingen. I. Abteilung: Einleitung — Die Grundlagen des Erbrechts. II. Abteilung: Die Nachlaßbeteiligten. Mit 23 Figuren. Nr. 659/60.

Erdbau von Reg.-Baum. Erwin Link in Stuttgart Mit 72 Abbild. Nr. 630.

Erdmagnetismus, Erdstrom u. Polarlicht von Dr. A. Nippoldt, Mitglied des Königl. Preußischen Meteorologischen Instituts in Potsdam. Mit 7 Tafeln und 16 Figuren. Nr. 175.

Erdteile, Länderkunde der außereuropäischen, von Dr. Franz Heiderich, Prof a. d. Exportakad. in Wien. Mit 11 Textkärtchen u. Profilen. Nr. 63.

Ernährung und Nahrungsmittel von Oberstabsarzt Professor H. Bischoff in Berlin. Mit 4 Abbild. Nr. 464.

Ethik von Prof. Dr. Thomas Achelis in Bremen. Nr. 90.

Europa, Länderkunde von, von Dr. Franz Heiderich, Prof. a. d. Exportakademie in Wien. Mit 14 Textkärtchen u. Diagrammen u. einer Karte der Alpeneinteilung. Nr. 62.

Exkursionsflora von Deutschland zum Bestimmen d. häufigeren i. Deutschland wildwachsenden Pflanzen von Dr. W. Migula, Prof. an der Forstakademie Eisenach. 2 Teile Mit je 50 Abbildungen. Nr. 268 und 269.

Experimentalphysik v. Prof. R. Lang in Stuttgart. I: Mechanik d. fest., flüss. u. gasigen Körper. M. 125 Fig. Nr. 611.

— — II: Wellenlehre u. Akustik. Mit 69 Figuren. Nr. 612.

Explosivstoffe. Einführung in d. Chemie der explosiven Vorgänge von Dr. H. Brunswig in Steglitz. Mit 6 Abbild. und 12 Tab. Nr. 333.

Familienrecht. Recht d. Bürgerlichen Gesetzbuches. Viertes Buch: Familienrecht von Dr. Heinrich Titze, Prof. a. d. Univ. Göttingen. Nr. 305.

Forensische Psychiatrie von Professor Dr W. Weygandt, Dir. d. Irrenanstalt Friedrichsberg i. Hamburg. 2 Bändchen. Nr. 410 u. 411.

Forstwissenschaft v. Dr. Ad. Schwappach, Prof. a. d. Forstakad. Eberswalde, Abteil.-Dirig. b. d. Hauptstat. d. forstl. Versuchswesens. Nr. 106.

Fortbildungsschulwesen, Das deutsche. nach seiner geschichtl. Entwicklung u. i. sein. gegenwärt. Gestalt v. H Sierds, Revisor gewerbl. Fortbildungsschulen in Schleswig. Nr. 392.

Franken. Geschichte Frankens v. Dr Christ. Meyer, Kgl. preuß. Staatsarchivar a. D., München. Nr. 434.

Frankreich. Französische Geschichte v. Dr. R. Sternfeld, Prof. an der Universität Berlin. Nr. 85.

Frankreich. Landesk. v. Frankreich v. Dr. Rich. Neuse, Direkt. d. Oberrealschule in Spandau. 1. Bändch. M. 23 Abb. im Text u. 16 Landschaftsbild. auf 16 Taf. Nr. 466.

— — 2. Bändchen. Mit 15 Abb. im Text, 18 Landschaftsbild. auf 16 Tafeln u. 1 lithogr. Karte. Nr. 467.

Französisch-deutsches Gesprächsbuch von C. Francillon, Lektor am orientalisch Seminar u. an d. Handelshochschule in Berlin. Nr. 596

Französische Grammatik von Cyprien Francillon, Lehrer am oriental. Seminar und an der Handelshochschule in Berlin. Nr. 729.

Französische Handelskorrespondenz v. Prof. Th. de Beaux, Officier de l'Instruction Publique. Nr. 183.

Französisches Lesebuch mit Wörterverzeichnis von Cyprien Francillon, Lektor a. oriental. Seminar u. a. d. Handelshochschule i Berlin Nr 643.

Fremdwort, Das, im Deutschen v. Dr. Rud. Kleinpaul, Leipzig. Nr. 55.

Fremdwörterbuch, Deutsches, von Dr. Rud. Kleinpaul, Leipzig. Nr. 273.

Fuge. Erläuterung u. Anleitung zur Komposition derselben v. Prof. Stephan Krehl in Leipzig. Nr. 418.

Funktionentheorie von Dr. Konrad Knopp, Privatdozent an der Universität Berlin. **I:** Grundlagen der allgemeinen Theorie der analyt. Funktionen. Mit 9 Fig. Nr. 668.

— — **II:** Anwendungen der Theorie zur Untersuchung spezieller analytischer Funktionen. Mit 10 Figuren. Nr. 703.

Funktionentheorie, Einleitung in die, (Theorie der komplexen Zahlenreihen) von Max Rose, Oberlehrer an der Goetheschule in Deutsch-Wilmersdorf. Mit 10 Fig. Nr. 581.

Fußartillerie, Die, ihre Organisation, Bewaffnung u. Ausbildg. v. Splett, Oberleutn. im Lehrbat. d. Fußart.-Schießschule u. Biermann, Oberleutn. in der Versuchsbatt. d. Art.-Prüfungskomm. M. 35 Fig. Nr. 560.

Gardinenfabrikation. Textilindustrie II: Weberei, Wirkerei, Posamentiererei, Spitzen- u. Gardinenfabrikation u. Filzfabrikation von Prof. Max Gürtler, Geh. Reg.-Rat im Kgl. Landesgewerbeamt zu Berlin. Mit 29 Figuren. Nr. 185.

Gas- und Wasserinstallationen mit Einschluß der Abortanlagen von Prof. Dr. phil. und Dr.-Ingen. Eduard Schmitt in Darmstadt. Mit 119 Abbildungen. Nr. 412.

Gaskraftmaschinen, Die, v. Ing. Alfred Kirschke in Kiel. 2 Bändchen. Mit 116 Abb. u. 6 Tafeln. Nr. 316 u. 651.

Gasthäuser und Hotels von Architekt Max Wöhler in Düsseldorf. **I:** Die Bestandteile u. die Einrichtung des Gasthauses. Mit 70 Fig. Nr. 525.

— — **II:** Die verschiedenen Arten von Gasthäusern. Mit 82 Fig. Nr. 526.

Gebirgsartillerie. Die Entwicklung der Gebirgsartillerie von Klußmann, Oberst u. Kommandeur der 1. Feld-Art.-Brigade in Königsberg i. Pr. Mit 78 Bildern und Übersichtstafeln. Nr. 531.

Genossenschaftswesen, Das, in Deutschland v. Dr. Otto Lindecke in Düsseldorf. Nr. 384.

Geodäsie von Prof. Dr. C. Reinhertz in Hannover. Neubearbeitet von Dr. G. Förster, Observator a. Geodätisch. Inst. Potsdam. M. 68 Abb. Nr. 102.

— **Vermessungskunde** von Diplom.-Ing. P. Werkmeister, Oberlehr. a. d. Kais. Techn Schule i. Straßburg i. E. **I:** Feldmessen u. Nivellieren. Mit 146 Abb. **II:** Der Theodolit. Trigonometr. u barometr. Höhenmessg. Tachymetr. M. 109 Abb. Nr. 468, 469.

Geographie, Geschichte der, von Prof. Dr. Konrad Kretschmer i. Charlottenburg. Mit 11 Kart. im Text. Nr. 624.

Geologie in kurzem Auszug f. Schulen u. zur Selbstbelehrung zusammengestellt v. Prof. Dr. Eberh. Fraas in Stuttgart. Mit 16 Abbild. u. 4 Tafeln mit 51 Figuren. Nr. 13.

Geometrie, Analytische, der Ebene v. Prof. Dr. M. Simon in Straßburg. Mit 52 Figuren. Nr. 65.

— — **Aufgabensammlung zur Analytischen Geometrie der Ebene** von O. Th. Bürklen, Professor am Kgl. Realgymnasium in Schwäb.-Gmünd. Mit 32 Fig. Nr. 256.

— — **des Raumes** von Prof. Dr. M. Simon in Straßburg. Mit 28 Abbildungen. Nr. 89

— — **Aufgabensammlung zur Analytischen Geometrie des Raumes** von O. Th. Bürklen, Professor am Kgl. Realgymnasium in Schwäb.-Gmünd. Mit 8 Fig. Nr. 309.

— **Darstellende,** von Dr. Robert Haußner, Prof. an d. Univ. Jena, I. Mit 110 Figuren. Nr. 142.

— — II. Mit 40 Figuren. Nr. 143.

— **Ebene,** von G. Mahler, Professor am Gymnasium in Ulm. Mit 111 zweifarbigen Figuren. Nr. 41.

— **Projektive,** in synthet. Behandlung von Dr. Karl Doehlemann, Prof. an der Universität München. Mit 91 Figuren. Nr. 72.

Geometrische Optik, Einführung in die, von Dr. W. Hinrichs in Wilmersdorf-Berlin. Nr. 532.

Geometrisches Zeichnen von H. Becker, Architekt u. Lehrer an der Baugewerkschule in Magdeburg, neubearbeitet von Prof J. Vonderlinn in Münster. Mit 290 Figuren und 23 Tafeln im Text. Nr. 58.

Germanische Mythologie von Dr. E. Mogk, Prof. a. d. Univ. Leipzig. Nr. 15.

Germanische Sprachwissenschaft von Dr. Rich. Loewe. Nr. 238.

Gesangskunst. Technik der deutschen Gesangskunst von Osk. Noë u. Dr. Hans Joachim Moser. Nr. 576.

Geschäfts- und Warenhäuser v. Hans Schliepmann, Königl. Baurat in Berlin. **I:** Vom Laden zum „Grand Magasin". Mit 23 Abb. Nr. 655.

— — **II:** Die weitere Entwickelung d. Kaufhäuser. Mit 39 Abb. Nr. 656.

Geschichtswissenschaft, Einleitung in die, v. Dr. Ernst Bernheim, Prof. an der Univ. Greifswald. Nr. 270.

Geschütze, Die modernen, der Fußartillerie v. Mummenhoff, Oberstleutnant u. Kommand. d. Thür. Fußartillerie Regts. Nr. 18. **I:** Vom Auftreten d. gezogenen Geschütze bis zur Verwendung des rauchschwachen Pulvers 1850—1890. Mit 50 Textbildern. Nr. 334.

— — **II:** Die Entwicklung der heutigen Geschütze der Fußartillerie seit Einführung des rauchschwachen Pulvers 1890 bis zur Gegenwart. Mit 33 Textbildern. Nr. 362.

Geschwindigkeitsregler der Kraftmaschinen, Die, v. Dr.-Ing. H. Kröner in Friedberg. Mit 33 Fig. Nr. 604.

Gesetzbuch, Bürgerliches, siehe: Recht des Bürgerlichen Gesetzbuches.

Gesundheitslehre. Der menschliche Körper, sein Bau und seine Tätigkeiten v. E. Rebmann, Oberschulrat in Karlsruhe. Mit Gesundheitslehre von Dr. med. H. Seiler. Mit 47 Abbild. u. 1 Tafel. Nr. 18.

Gewerbehygiene von Dr. E. Roth in Potsdam. Nr. 350.

Gewerbewesen von Werner Sombart, Professor an der Handelshochschule Berlin. I. II. Nr. 203, 204.

Gewerbliche Arbeiterfrage, Die, von Werner Sombart, Prof. a. d. Handelshochschule Berlin. Nr. 209.

Gewerbliche Bauten. Industrielle und gewerbliche Bauten (Speicher, Lagerhäuser u. Fabriken) v. Architekt Heinr. Salzmann in Düsseldorf. **I:** Allgemeines über Anlage und Konstruktion der industriellen und gewerblichen Bauten. Nr. 511.

— — **II:** Speicher und Lagerhäuser. Mit 123 Figuren. Nr. 512.

Gewichtswesen. Maß-, Münz- u. Gewichtswesen v. Dr. Aug. Blind, Prof. a. d. Handelsschule in Köln. Nr. 283.

Gießereimaschinen von Dipl.-Ing. Emil Treiber in Heidenheim a. B. Mit 51 Figuren Nr. 548.

Glas- und keramische Industrie (Industrie der Silikate, der künstlichen Bausteine und des Mörtels I) v. Dr. Gust. Rauter in Charlottenburg. Mit 12 Tafeln. Nr. 233.

Gleichstrommaschine, Die, von Ing. Dr. C. Kinzbrunner in London. Mit 81 Figuren. Nr. 257.

Gletscherkunde v. Dr. Fritz Machaček in Wien. Mit 5 Abbildungen im Text und 11 Tafeln. Nr. 154.

Gotische Sprachdenkmäler mit Grammatik, Übersetzung u. Erläutergn. v. Dr. Herm. Jantzen, Direktor d. Königin Luise-Schule in Königsberg i. Pr. Nr. 79.

Gottfried von Straßburg. Hartmann von Aue. Wolfram von Eschenbach und Gottfried von Straßburg. Auswahl a. d. höfisch. Epos m. Anmerk. u. Wörterbuch v. Dr. K. Marold, Prof. am Kgl. Friedrichs-Kolleg. zu Königsberg/Pr. Nr. 22.

Graphische Darstellung in Wissenschaft und Technik von Dr. Marcello v. Pirani, Obering., Privatdozent an der Kgl. Techn. Hochschule in Charlottenburg. Mit 58 Fig. Nr. 728.

Graphischen Künste, Die, von Carl Kampmann, k. k. Lehrer an der k. k. Graphischen Lehr- und Versuchsanstalt in Wien. Mit zahlreichen Abbildungen u. Beilagen. Nr. 75.

Griechisch. Neugriechisch - deutsches Gesprächsbuch siehe: Neugriechisch.

Griechisch. Neugriechisches Lesebuch siehe: Neugriechisch.

Griechische Altertumskunde v. Prof. Dr. Rich. Maisch, neu bearbeitet v. Rektor Dr. Franz Pohlhammer. Mit 9 Vollbildern. Nr. 16.

Griechische Geschichte von Dr. Heinrich Swoboda, Professor an d. deutschen Universität Prag. Nr. 49.

Griechische Literaturgeschichte mit Berücksichtigung d. Geschichte der Wissenschaften v. Dr. Alfred Gercke, Prof. an der Univ. Breslau. 2 Bändchen. Nr. 70 u. 557.

Griechischen Papyri, Auswahl aus, von Prof. Dr. Robert Helbing in Karlsruhe i. B. Nr. 625.

Griechischen Sprache, Geschichte der, I: Bis zum Ausgange d. klassischen Zeit v. Dr. Otto Hoffmann, Prof. an der Univ. Münster. Nr. 111.

Griechische u. römische Mythologie v. Prof. Dr. Herm. Steuding, Rekt. d. Gymnas. in Schneeberg. Nr. 27.

Grundbuchrecht, Das formelle, von Oberlandesgerichtsr. Dr. F. Kretzschmar in Dresden. Nr. 549.

Handelspolitik, Auswärtige, von Dr. Heinr. Sieveking, Professor an der Universität Zürich. Nr. 245.

Handelsrecht, Deutsches, von Dr. Karl Lehmann, Prof. an d. Universität Göttingen. **I:** Einleitung. Der Kaufmann u. seine Hilfspersonen. Offene Handelsgesellschaft. Kommandit- und stille Gesellschaft. Nr. 457.

— — **II:** Aktiengesellschaft. Gesellsch. m. b. H. Eing. Gen. Handelsgesch. Nr. 458.

Handelsschulwesen, Das deutsche, von Direktor Theodor Blum in Dessau. Nr. 558.

Handelsstand, Der, von Rechtsanwalt Dr. jur. Bruno Springer in Leipzig (Kaufmänn. Rechtskunde. Bd. 2). Nr. 545.

Handelswesen, Das, von Geh. Oberregierungsrat Dr. Wilh. Lexis, Professor an der Universität Göttingen. **I:** Das Handelspersonal und der Warenhandel. Nr. 296.

— — **II:** Die Effektenbörse und die innere Handelspolitik. Nr. 297.

Handfeuerwaffen, Die Entwicklung der, seit der Mitte des 19. Jahrhunderts u. ihr heutiger Stand von G. Wrzodek, Hauptmann u. Kompagniechef im Inf.-Reg. Freiherr Hiller von Gärtringen (4 Posensches) Nr. 59 i. Soldau. M. 21 Abb. Nr. 366.

Harmonielehre von A. Halm. Mit vielen Notenbeispielen. Nr. 120.

Hartmann von Aue, Wolfram von Eschenbach und Gottfried von Straßburg. Auswahl aus d. höfischen Epos mit Anmerk. u. Wörterbuch von Dr. K. Marold, Prof. am Königl. Friedrichs-Kollegium zu Königsberg i. Pr. Nr. 22.

Harze, Lacke, Firnisse von Dr. Karl Braun in Berlin. (Die Fette und Öle III). Nr. 337.

Hebezeuge, Die, ihre Konstruktion u. Berechnung von Ing. Prof. Herm. Wilda, Bremen. Mit 399 Abb. Nr. 414.

Heeresorganisation, Die Entwicklung der, seit Einführung der stehenden Heere von Otto Neuschler, Hauptmann und Kompagniechef. **I:** Geschichtliche Entwicklung bis zum Ausgange d. 19. Jahrh. Nr. 552.

— — **II:** Die Heeresorganisation im 20. Jahrhundert. Nr. 731.

Heizung u. Lüftung v. Ing. Johannes Körting in Düsseldorf. I: Das Wesen u. die Berechnung der Heizungs- u. Lüftungsanlagen. Mit 34 Figuren. Nr. 342.
— — II: Die Ausführung der Heizungs- u. Lüftungsanlagen. Mit 191 Figuren. Nr. 343.
Hessen. Landeskunde des Großherzogtums Hessen, der Provinz Hessen-Nassau und des Fürstentums Waldeck v. Prof. Dr. Georg Greim in Darmstadt. Mit 13 Abbildungen und 1 Karte. Nr. 376.
Hieroglyphen von Geh. Regier.-Rat Dr. Ad. Erman, Prof. an der Universität Berlin. Nr. 608.
Hochspannungstechnik, Einführ. in die moderne, von Dr.-Ing. K. Fischer in Hamburg-Bergedorf. Mit 92 Fig. Nr. 609.
Holz, Das. Aufbau, Eigenschaften u. Verwendung v. Ing. Prof. Herm. Wilda in Bremen. Mit 33 Abb. Nr. 459.
Hotels. Gasthäuser und Hotels von Archit. Max Wöhler in Düsseldorf. I: Die Bestandteile u. d. Einrichtg. des Gasthauses. Mit 70 Fig. Nr. 525.
— — II: Die verschiedenen Arten von Gasthäusern. Mit 82 Fig. Nr. 526.
Hydraulik v. W. Hauber, Dipl.-Ing. in Stuttgart. Mit 44 Fig. Nr. 397.
Hygiene des Städtebaus, Die, von Prof. H. Chr. Nußbaum in Hannover. Mit. 30 Abb. Nr. 348.
— **des Wohnungswesens, Die,** von Prof. H. Chr. Nußbaum in Hannover. Mit 20 Abbild. Nr. 363.
Iberische Halbinsel. Landeskunde der Iberischen Halbinsel von Dr. Fritz Regel, Prof. a. d. Univ. Würzburg. M. 8 Kärtchen u. 8 Abb. im Text u. 1 Karte in Farbendruck. Nr. 235.
Indische Religionsgeschichte von Prof. Dr. Edmund Hardy. Nr. 83.
Indogerman. Sprachwissenschaft von Dr. R. Meringer, Professor an der Univers. Graz. M. 1 Tafel. Nr. 59
Industrielle u. gewerbliche Bauten (Speicher, Lagerhäuser u. Fabriken) von Architekt Heinr. Salzmann in Düsseldorf. I: Allgemeines üb. Anlage u. Konstruktion d. industriellen u. gewerblichen Bauten. Nr. 511.
— — II: Speicher und Lagerhäuser. Mit 123 Figuren. Nr. 512.
Infektionskrankheiten, Die, und ihre Verhütung von Stabsarzt Dr. W. Hoffmann in Berlin. Mit 12 vom Verfasser gezeichneten Abbildungen und einer Fiebertafel. Nr. 327.
Insekten. Das Tierreich V: Insekten v. Dr. J. Groß in Neapel (Stazione Zoolog.). Mit 56 Abb. Nr. 594.
Instrumentenlehre v. Musikdir. Professor Franz Mayerhoff in Chemnitz. I: Text. Nr. 437.
— — II: Notenbeispiele. Nr. 438.
Integralrechnung von Dr. Friedr. Junker, Rekt. d. Realgymnasiums u. d. Oberrealschule in Göppingen. Mit 89 Figuren. Nr. 88.
Integralrechnung. Repetitorium u. Aufgabensammlung zur Integralrechnung von Dr. Friedr. Junker, Rekt. d. Realgymnasiums u. der Oberrealschule in Göppingen. Mit 52 Figuren. Nr. 147.
Israel. Geschichte Israels bis auf die griechische Zeit von Lic. Dr. J. Benzinger. Nr. 231.
Italienische Handelskorrespondenz v. Prof. Alberto de Beaux, Oberlehrer am Königl. Institut S. S. Annunziata in Florenz. Nr. 219.
Italienische Literaturgeschichte von Dr. Karl Voßler, Professor an der Universität München. Nr. 125.
Jugendpflege I: Männliche Jugend von H. Siercks. Vorsitzender des Vereins für Jugendwohlfahrt in Schleswig-Holstein in Schleswig. Nr. 714.
Kalkulation, Die, im Maschinenbau v. Ing. H. Bethmann, Doz. a. Technik. Altenburg. Mit 63 Abb. Nr. 486.
Kältemaschinen. Die thermodynamischen Grundlagen der Wärmekraft- und Kältemaschinen von M. Röttinger, Dipl.-Ing. in Mannheim. Mit 73 Figuren. Nr. 2.
Kamerun. Die deutschen Kolonien I: Togo und Kamerun von Prof. Dr. Karl Dove. Mit 16 Tafeln und einer lithogr. Karte. Nr. 441.
Kampf um befestigte Stellungen, seine Formen und Grundsätze von Major Tiersch, Kommandeur des Kurhessisch. Pionier-Bat. Nr. 11. Nr. 732.
Kampfesformen u. Kampfesweise der Infanterie von Hein, Oberstleutnant beim Stabe des 5. Westpreußischen Infanterie-Regiments Nr. 148 in Bromberg. Mit 15 Abbildgn. Nr. 712.

Kanal- und Schleusenbau von Regierungsbaumeister Otto Rappold in Stuttgart. Mit 78 Abb. Nr. 585.

Kant, Immanuel. (Geschichte d. Philosophie Bd. 5) v. Dr. Bruno Bauch, Prof. a. d. Univ. Jena. Nr. 536.

Kartell u. Trust v. Dr. S. Tschierschky in Düsseldorf. Nr. 522.

Kartenkunde von Dr. M. Groll, Kartograph i. Berlin. 2 Bändchen. **I:** Die Projektionen. Mit 56 Fig. Nr. 30.

— — **II:** Der Karteninhalt u. das Messen auf Karten. Mit 39 Fig. Nr. 599.

Kartographische Aufnahmen u. geograph. Ortsbestimmung auf Reisen von Dr.-Ing. R. Hugershoff, Prof. an der Forstakademie zu Tharandt. Mit 73 Figuren. Nr 607.

Katholischen Kirche, Geschichte der, von der Mitte des 18. Jahrh. bis zum Vatikanischen Konzil von Geh. Konf.-Rat Prf. D. Mirbt i. Göttingen. Nr. 700.

Kaufmännische Rechtskunde. I: Das Wechselwesen v. Rechtsanwalt Dr. Rud. Mothes in Leipzig. Nr. 103.

— **II:** Der Handelsstand v. Rechtsanw. Dr. jur. B. Springer, Leipzig. Nr. 545.

Kaufmännisches Rechnen von Prof. Richard Just, Oberlehrer a. d. Öffentl. Handelslehranstalt d. Dresdener Kaufmannschaft. I. II. III. Nr. 139, 140, 187.

Keilschrift, Die, von Dr. Bruno Meißner, o. Professor a. d. Universität Breslau. Mit 6 Abbildungen. Nr. 708.

Keramische Industrie. Die Industrie der Silikate, der künstlichen Bausteine und des Mörtels von Dr. Gust. Rauter. **I:** Glas- u. keram. Industrie. Mit 12 Taf. Nr. 233.

Kerzenfabrikation. Die Seifenfabrikation, die Seifenanalyse und die Kerzenfabrikation von Dr. Karl Braun in Berlin. (Die Fette u. Öle II.) Mit 25 Abb. Nr. 336.

Kiautschou. Die deutschen Kolonien II: Das Südseegebiet und Kiautschou v. Prof. Dr. K. Dove. Mit 16 Taf. u. 1 lithogr. Karte. Nr. 520.

Kindesrecht u. Kinderschutz von Assessor H. E. Wendel in Grunewald. Nr. 693.

Kinematik von Dipl.-Ing. Hans Polster, Assist. a. d. Kgl. Techn. Hochschule Dresden. M. 76 Abb. Nr. 584.

Kirchenrecht v. Dr. E. Sehling, ord. Prof. d. Rechte in Erlangen. Nr. 377

Klima und Leben (Bioklimatologie) von Dr. Wilh. R. Eckardt, Assist. an der öffentl. Wetterdienststelle in Weilburg. Nr. 629.

Klimakunde I: Allgemeine Klimalehre von Prof. Dr. W. Köppen, Meteorologe der Seewarte Hamburg. Mit 7 Taf. u. 2 Figuren. Nr. 114.

Kolonialgeschichte von Dr. Dietrich Schäfer, Professor der Geschichte an der Universität Berlin. Nr. 156.

Kolonialrecht, Deutsches, von Prof. Dr. H. Edler von Hoffmann, Studiendirektor d. Akademie für kommunale Verwaltung in Düsseldorf. Nr. 318

Kometen. Astronomie. Größe, Bewegung u. Entfernung d. Himmelskörper v. A. F Möbius, neu bearb. v. Dr. Herm. Kobold, Prof. an der Univ. Kiel. **II:** Kometen, Meteore u. das Sternsystem. Mit 15 Fig. u. 2 Sternkarten. Nr. 529.

Kommunale Wirtschaftspflege von Dr. Alfons Rieß, Magistratsassessor in Berlin. Nr. 534.

Kompositionslehre. Musikalische Formenlehre v. Steph. Krehl. I. II. M. viel. Notenbeispiel. Nr. 149, 150.

Kontrapunkt. Die Lehre von der selbständigen Stimmführung v. Steph. Krehl in Leipzig. Nr. 390.

Kontrollwesen, Das agrikulturchemische, von Dr. Paul Kirsche in Leopoldshall-Staßfurt. Nr. 304.

Koordinatensysteme v. Paul B Fischer, Oberl. a. d. Oberrealschule zu Groß-Lichterfelde. Mit 8 Fig. Nr. 507.

Körper, Der menschliche, sein Bau und seine Tätigkeiten von E. Rebmann, Oberschulr. i. Karlsruhe. Mit Gesundheitslehre von Dr. med. H. Seiler. M. 47 Abb. u. 1 Taf. Nr. 18.

Kostenanschlag siehe: Veranschlagen.

Kredit- und Bankwesen von Geh. Oberregierungsrat Wilhelm Lexis, Prof. an der Univ. Göttingen. Nr. 733.

Kriegsschiffbau. Die Entwicklung des Kriegsschiffbaues vom Altertum bis zur Neuzeit. Von Tjard Schwarz. Geh. Marinebaurat u. Schiffbau-Direktor. I. Teil: Das Zeitalter der Ruderschiffe u. **der** Segelschiffe f. d. Kriegsführung zur See vom Altertum bis 1840. Mit 32 Abb. Nr. 471.

— — II. Teil: **Das Zeitalt. der Dampfschiffe f. d. Kriegsführ. z. See v. 1840 bis zur Neuzeit.** Mit 81 Abb. Nr. 472.

Lothringen. Geschichte Lothringens von Dr. Herm. Derichsweiler, Geh. Regierungsrat in Straßburg. Nr. 6.

— **Landeskunde v. Elsaß-Lothringen** v. Prof. Dr. R. Langenbeck in Straßburg i. E. Mit 11 Abb. u. 1 Karte. Nr. 215.

Lötrohrprobierkunde. Qualitative Analyse mit Hilfe des Lötrohrs von Dr. Mart. Henglein in Freiberg i. Sa. Mit 10 Figuren. Nr. 483.

Lübeck. Landeskunde d. Großherzogtümer Mecklenburg u. der Freien u. Hansestadt Lübeck v. Dr. Sebald Schwarz, Direktor der Realschule zum Dom in Lübeck. Mit 17 Abbildungen und Karten im Text und 1 lithographischen Karte. Nr. 487.

Luftelektrizität von Dr. Karl Kähler, wissenschaftlichem Hilfsarbeiter am Königl. Preuß. Meteorologisch-Magnetischen Observatorium in Potsdam. Mit 18 Abb Nr. 649.

Luftsalpeter. Seine Gewinnung durch den elektrischen Flammenbogen von Dr. G. Brion, Prof. an der Kgl. Bergakademie in Freiberg. Mit 50 Figuren. Nr. 616.

Luft- und Meeresströmungen von Dr. Franz Schulze, Direktor der Navigationsschule zu Lübeck. Mit 27 Abbildungen und Tafeln. Nr. 551.

Lüftung. Heizung und Lüftung von Ing. Johannes Körting in Düsseldorf. I: Das Wesen und die Berechnung d. Heizungs- u. Lüftungsanlagen. Mit 34 Fig. Nr. 342.

— — II: Die Ausführung der Heizungs- und Lüftungsanlagen. Mit 191 Figuren. Nr. 343.

Luther, Martin, und Thom. Murner. Ausgewählt und mit Einleitungen u. Anmerkungen versehen v. Prof. G. Berlit, Oberlehrer am Nikolaigymnasium zu Leipzig. Nr. 7.

Magnetismus. Theoretische Physik III. Teil: Elektrizität u. Magnetismus. Von Dr. Gustav Jäger, Prof. an der Technischen Hochschule Wien. Mit 33 Abbildungen. Nr. 78.

Mälzerei. Brauereiwesen I: Mälzerei von Dr. P. Dreverhoff, Direktor d Öffentlichen und 1. Sächs. Versuchsstation für Brauerei und Mälzerei, sowie der Brauer- und Mälzerschule zu Grimma. Nr. 303.

Märkte und Markthallen für Lebensmittel von Richard Schachner, Städt. Baurat in München. I: Zweck und Bedeut. von Märkten u. Markthallen, ihre Anlage u. Ausgestalt. II: Markthallenbauten. Mit zahlr. Abb. Nr. 719 u. 720.

Maschinenbau, Die Kalkulation im, v. Ing. H. Bethmann, Doz. a. Techn. Altenburg. Mit 63 Abb. Nr. 486.

— **Die Materialien des Maschinenbaues und der Elektrotechnik** von Ingenieur Prof. Hermann Wilda. Mit 3 Abbildungen. Nr. 476.

Maschinenelemente, Die. Kurzgefaßtes Lehrbuch mit Beispielen für das Selbststudium u. d. praktischen Gebrauch von Fr. Barth, Oberingen. in Nürnberg. Mit 86 Fig. Nr. 3.

Maschinenzeichnen, Praktisches, von Obering. Rich. Schiffner in Warmbrunn. I: Grundbegriffe, Einfache Maschinenteile bis zu den Kuppelungen. Mit 60 Tafeln. Nr. 589.

— — II: **Lager, Riem- u. Seilscheiben, Zahnräder, Kolbenpumpe.** Mit 51 Tafeln. Nr. 590.

Maßanalyse von Dr. Otto Röhm in Darmstadt. Mit 14 Fig. Nr. 221.

Maß-, Münz- und Gewichtswesen von Dr. August Blind, Professor an der Handelsschule in Köln. Nr. 283.

Materialprüfungswesen. Einführung in die moderne Technik d Materialprüfung v. K. Memmler, Dipl.-Ing., stand. Mitarbeiter a. Kgl. Materialprüfungsamte zu Gr.-Lichterfelde. I: Materialeigenschaften. — Festigkeitsversuche. — Hilfsmittel f. Festigkeitsversuche. Mit 58 Fig. Nr. 311.

— — II: Metallprüfung und Prüfung v. Hilfsmaterialien des Maschinenbaues. — Baumaterialprüfung. — Papierprüfung. — Schmiermittelprüfung. — Einiges über Metallographie. Mit 31 Fig. Nr. 312.

Mathematische Formelsammlung und Repetitorium der Mathematik, enthaltend die wichtigsten Formeln u. Lehrsätze d. Arithmetik, Algebra, algebraischen Analysis, ebenen Geometrie, Stereometrie, ebenen und sphärischen Trigonometrie, math. Geographie, analyt. Geometrie der Ebene und des Raumes, der Differential- u. Integralrechnung v. O. Th. Bürklen, Prof. am Kgl. Realgymn. in Schw.-Gmünd. M. 18 Fig. Nr. 51.

Mathematik, Geschichte der, von Dr. A. Sturm, Prof. am Obergymnasium in Seitenstetten. Nr. 226.

Maurer- und Steinhauerarbeiten von Prof. Dr. phil. und Dr.-Ing. Ed. Schmitt in Darmstadt. 3 Bändchen. Mit vielen Abbild. Nr. 419—421.

Mechanik. Theoret. Physik I. Teil: Mechanik und Akustik. Von Dr. Gust. Jäger, Prof. an der Technischen Hochschule in Wien. Mit 19 Abbildungen. Nr. 76.

Mechanische Technologie von Geh. Hofrat Professor A. Lüdicke in Braunschweig. 2 Bändchen. Nr. 340, 341.

Mecklenburg. Landeskunde d. Großherzogtümer Mecklenburg u. der Freien u. Hansestadt Lübeck von Dr. Sebald Schwarz, Direktor der Realschule zum Dom in Lübeck. Mit 17 Abbild. im Text, 16 Taf. und 1 Karte in Lithographie. Nr. 487.

Mecklenburgische Geschichte von Oberlehrer Otto Vitense in Neubrandenburg i. M. Nr. 610.

Medizin, Geschichte der, von Dr. med. et phil. Paul Diepgen, Privatdozent für Geschichte der Medizin in Freiburg i. Br. **I:** Altertum. Nr. 679.

Meereskunde, Physische, von Prof. Dr. Gerhard Schott, Abteilungsvorsteher bei d. Deutschen Seewarte in Hamburg. Mit 39 Abbildungen im Text und 8 Tafeln. Nr. 112.

Meeresströmungen. Luft- u. Meeresströmungen v. Dr. Franz Schulze, Dir. d. Navigationsschule zu Lübeck. Mit 27 Abb. u. Tafeln. Nr. 551.

Meliorationen v. Baurat Otto Fauser in Ellwangen. 2 Bdchen. Mit vielen Fig. Nr. 691/92.

Menschliche Körper, Der, sein Bau u. seine Tätigkeiten von E. Rebmann, Oberschulrat in Karlsruhe. Mit Gesundheitslehre v. Dr. med. H. Seiler. Mit 47 Abb. u. 1 Tafel. Nr. 18.

Metallographie. Kurze, gemeinfaßliche Darstellung der Lehre von den Metallen u. ihren Legierungen unter besond. Berücksichtigung der Metallmikroskopie v. Prof. E. Heyn u. Prof. O. Bauer a. Kgl. Materialprüfungsamt (Gr.-Lichterfelde) d. K. Techn. Hochschule zu Berlin. **I:** Allgem. Teil. Mit 45 Abb. im Text und 5 Lichtbildern auf 3 Tafeln. Nr. 432.

Metallographie. II: Spez. Teil. Mit 49 Abb. im Text und 37 Lichtbildern auf 19 Tafeln. Nr. 433.

Metallurgie von Dr. August Geitz in Kristiansand (Norwegen). I. II. Mit 21 Figuren. Nr. 313, 314.

Meteore. Astronomie. Größe, Bewegung u. Entfernung der Himmelskörper von A. F. Möbius, neu bearbeitet von Dr. Herm. Kobold, Prof. a. d. Univ. Kiel. **II: Kometen,** Meteore u. das Sternensystem. Mit 15 Fig. u. 2 Sternkarten. Nr. 529.

Meteorologie v. Dr. W. Trabert, Prof. an der Universität Wien. Mit 49 Abbild. u. 7 Tafeln. Nr. 54.

Militärische Bauten v. Rg.-Baumstr. R. Lang i. Stuttgart. M. 59 Abb. Nr. 626.

Militärstrafrecht, Deutsches, v. Dr. Max Ernst Mayer, Prof. an d. Univ. Straßburg i. E. 2 Bde. Nr. 371, 372.

Mineralogie von Geheimer Bergrat Dr. R. Brauns, Prof. an d. Univ. Bonn. Mit 132 Abbild. Nr. 29.

Minnesang und Spruchdichtung. Walther von der Vogelweide mit Auswahl aus Minnesang und Spruchdichtung. Mit Anmerkungen u. einem Wörterb. von O. Güntter, Prof. an d. Oberrealschule u. an d. Techn. Hochschule i. Stuttgart. Nr. 23.

Mittelhochdeutsche Dichtungen aus mittelhochdeutscher Frühzeit. In Auswahl mit Einleitg. u. Wörterbuch herausgeg. von Dr. Hermann Jantzen, Dir. d. Königin Luise-Schule i. Königsberg i. Pr. Nr. 137.

Mittelhochdeutsche Grammatik. Der Nibelunge Nôt in Auswahl und mittelhochdeutsche Grammatik mit kurz. Wörterb. v. Dr. W. Golther, Prof. a. d. Univ. Rostock. Nr. 1.

Moose siehe: Algen, Moose und Farnpflanzen.

Morgenland. Geschichte des alten Morgenlandes v. Dr. Fr. Hommel, Prof. an d. Universität München. Mit 9 Bildern u. 1 Karte. Nr. 43.

Morphologie und Organographie der Pflanzen v. Prof. Dr. M. Nordhausen in Kiel. M. 123 Abb. Nr. 141.

Mörtel. Die Industrie d. künstlichen Bausteine und des Mörtels von Dr. G. Rauter in Charlottenburg. Mit 12 Tafeln. Nr. 234.

Mundarten, Die deutschen, von Prof. Dr. H. Reis in Mainz. Nr. 605.

Mundarten, Plattdeutsche, von Dr. Hubert Grimme, Professor an der Univers. Münster i. W. Nr. 461.

Münzwesen. Maß-, Münz- und Gewichtswesen von Dr. Aug. Blind, Prof. a. d. Handelsschule in Köln. Nr. 283.

Murner, Thomas. Martin Luther u. Thomas Murner. Ausgewählt u. m. Einleitungen u. Anmerk. versehen von Prof. G. Berlit, Oberlehrer am Nikolaigymnas. zu Leipzig. Nr. 7.

Musik, Geschichte der alten und mittelalterlichen, v. Dr. A. Möhler in Steinhaußen. 2 Bdch. Mit zahlr. Abb. u. Musikbeil. Nr. 121 u. 347.

Musikalische Akustik von Professor Dr. Karl L. Schäfer in Berlin. Mit 36 Abbildungen. Nr. 21.

Musikal. Formenlehre (Kompositionslehre) von Stephan Krehl. I. II. Mit viel. Notenbeisp. Nr. 149, 150.

Musikästhetik von Dr. Karl Grunsky in Stuttgart. Nr. 344.

Musikgeschichte des 17 Jahrhunderts v. Dr. Karl Grunsky i. Stuttgart. Nr. 239.

Musikgeschichte des 18. Jahrhunderts von Dr. Karl Grunsky in Stuttgart. I. II. Nr. 710, 725.

Musikgeschichte seit Beginn des 19. Jahrhunderts v. Dr. K. Grunsky in Stuttgart. I. II. Nr. 164, 165.

Musiklehre, Allgemeine, von Stephan Krehl in Leipzig. Nr. 220.

Nadelhölzer, Die, von Dr. F. W. Neger, Prof. an der Königl. Forstakademie zu Tharandt. Mit 85 Abbildungen, 5 Tabellen und 3 Karten. Nr. 355.

Nahrungsmittel. Ernährung u. Nahrungsmittel v. Oberstabsarzt Prof. H. Bischoff in Berlin. Mit 4 Abbildungen. Nr. 464.

Nautik. Kurzer Abriß d. täglich an Bord von Handelsschiffen angew. Teils d. Schiffahrtskunde. Von Dr. Franz Schulze, Dir. d. Navigationsschule zu Lübeck. Mit 56 Abbildgn. Nr. 84.

Neuenglische Laut- und Formenlehre von Dr. Eilert Ekwall, Prof. an der Univ. Lund. Nr. 735.

Neugriechisches Lesebuch (Schrift- und Volkssprache) mit Glossar, gesammelt und erläutert von Dr. Johannes E. Kalitsunakis, Dozent am Orient. Sem. der Univ. in Berlin. Nr. 726.

Neugriechisch - deutsches Gesprächsbuch mit besond. Berücksichtigung d. Umgangssprache v. Dr. Johannes Kalitsunakis, Doz. am Seminar für orient. Sprache in Berlin. Nr. 587.

Neunzehntes Jahrhundert. Geschichte des 19. Jahrhunderts von Oskar Jäger, o. Honorarprof. a. d. Univ. Bonn. 1. Bdch.: 1800—1852. Nr. 216.

— — 2. Bändchen: 1853 bis Ende des Jahrhunderts. Nr. 217.

Neutestamentliche Zeitgeschichte von Lic. Dr. W. Staerk, Prof. a. der Univ. in Jena. **I:** Der historische u. kulturgeschichtl. Hintergrund d. Urchristentums. M. 3 Karten. Nr. 325.

— — **II:** Die Religion d. Judentums im Zeitalter des Hellenismus und der Römerherrschaft. Mit 1 Planskizze. Nr. 326.

Nibelunge Nôt, Der, in Auswahl und mittelhochdeutsche **Grammatik** mit kurzem Wörterb. v. Dr. W. Golther, Prof. an der Univ. Rostock. Nr. 1.

Nordamerikanische Literatur, Geschichte der, von Dr. Leon Kellner, Prof. an der Univ. Czernowitz. 2 Bdchen. Nr. 685/86.

Nordische Literaturgeschichte I: Die isländ. u. norweg Literatur des Mittelalters v. Dr. Wolfg. Golther, Prof. an der Universität Rostock. Nr 254.

Nutzpflanzen von Prof. Dr. J. Behrens, Vorst. d. Großherzogl. landwirtschaftl. Versuchsanst Augustenberg. Mit 53 Figuren. Nr. 123.

Öle. Die Fette u. Öle sowie d. Seifen- u. Kerzenfabrikation u. d Harze, Lacke, Firnisse mit ihren wichtigsten Hilfsstoffen von Dr. Karl Braun in Berlin. I: Einführung in d. Chemie, Besprechung einiger Salze u. der Fette und Öle. Nr. 335.

Öle und Riechstoffe, Ätherische, von Dr. F. Rochussen in Miltitz. Mit 9 Abbildungen. Nr. 446.

Optik. Einführung in d. geometrische Optik von Dr. W Hinrichs in Wilmersdorf-Berlin. Nr. 532.

Orientalische Literaturen. Die Hauptliteraturen des Orients von Dr. M. Haberlandt, Privatdoz. an d. Universität Wien. **I:** Die Literaturen Ostasiens und Indiens. Nr. 162.

— **II:** Die Literaturen der Perser, Semiten und Türken. Nr. 163.

Orientalische Literaturen. **Die christlichen Literaturen des Orients** von Dr. Ant. Baumstark. **I:** Einleitung. — Das christl.-aramäische u. d. kopt. Schrifttum. Nr. 527.

— — **II:** Das christlich-arabische und das äthiopische Schrifttum. — Das christliche Schrifttum der Armenier und Georgier. Nr. 528.

Ortsnamen im Deutschen, Die, ihre Entwicklung u. ihre Herkunft von Dr. Rudolf Kleinpaul in Leipzig-Gohlis. Nr. 573.

Ostafrika. **Die deutschen Kolonien III: Ostafrika** von Prof. Dr. K. Dove. Mit 16 Taf. u. 1 lithogr. Karte. Nr 567

Österreich. **Österreichische Geschichte** von Prof. Dr. Franz v. Krones, neubearb. von Dr. Karl Uhlirz, Prof. a. d. Univ. Graz. **I:** Von d. Urzeit b. z. Tode König Albrechts II. (1439). Mit 11 Stammtaf Nr. 104.

— — **II:** Vom Tode König Albrechts II bis z. Westf. Frieden (1440—1648). Mit 3 Stammtafeln. Nr. 105.

— **Landeskunde v. Österreich-Ungarn** von Dr. Alfred Grund, Prof. an d. Universität Prag. Mit 10 Textillustrationen u. 1 Karte. Nr. 244.

Ovidius Naso, Die Metamorphosen des. In Auswahl mit einer Einleit. u. Anmerk. herausgeg. v. Dr. Jul. Ziehen in Frankfurt a. M. Nr. 442.

Pädagogik im Grundriß von Professor Dr W. Rein, Direktor d. Pädagog. Seminars a. d. Univ. Jena. Nr. 12.

— **Geschichte der,** von Oberlehrer Dr. H. Weimer in Wiesbaden. Nr. 145.

Paläogeographie. Geolog. Geschichte der Meere und Festländer von Dr. Franz Kossmat in Wien. Mit 6 Karten. Nr. 406.

Paläoklimatologie von Dr. Wilh. R. Eckardt i. Weilburg (Lahn). Nr. 482.

Paläontologie von Dr. Rud. Hoernes, Professor an der Universität Graz. Mit 87 Abbildungen. Nr. 95.

Paläontologie und Abstammungslehre von Dr. Karl Diener, Prof. an der Univers. Wien. Mit 9 Abbildungen. Nr. 460.

Palästina. **Landes- und Volkskunde Palästinas** von Lic. Dr. Gustav Hölscher in Halle. Mit 8 Vollbildern und 1 Karte. Nr. 345.

Parallelperspektive. Rechtwinklige u. schiefwinklige Axonometrie v. Prof. J. Vonderlinn in Münster. Mit 121 Figuren. Nr. 260.

Personennamen, Die deutschen, v. Dr. Rud. Kleinpaul in Leipzig. Nr. 422.

Peru. **Die Cordillerenstaaten** von Dr. Wilhelm Sievers, Prof. an der Universität Gießen. **I:** Einleitung, Bolivia und Peru. Mit 16 Tafeln u. 1 lith. Karte. Nr. 652.

Petrographie v. Dr. W. Bruhns, Prof. an der Bergakademie Clausthal. Mit 15 Abbildungen. Nr. 173.

Pflanze, Die, ihr Bau und ihr Leben von Prof. Dr. E. Dennert. Mit 96 Abbildungen. Nr. 44.

— von Geh. Hofr. Prof. Dr. Adolf Hansen in Gießen. Mit zahlr. Abb. Nr. 742.

Pflanzenbaulehre. **Ackerbau- und Pflanzenbaulehre** von Dr. Paul Rippert in Essen u. Ernst Langenbeck in Groß-Lichterfelde. Nr. 232.

Pflanzenbiologie v. Dr. W. Migula, Professor an d. Forstakademie Eisenach. **I:** Allgemeine Biologie. Mit 43 Abbildungen. Nr. 127.

Pflanzenernährung. **Agrikulturchemie I:** Pflanzenernährung v. Dr. Karl Grauer. Nr. 329.

Pflanzengeographie v. Prof. Dr. Ludw. Diels in Marburg (Hessen). Nr. 389.

Pflanzenkrankheiten von Dr. Werner Friedr. Bruck, Privatdoz. i. Gießen. Mit 1 farb. Taf. u. 45 Abb. Nr. 310.

Pflanzenmorphologie. **Morphologie u. Organographie d. Pflanzen** von Prof. Dr. M. Nordhausen in Kiel. Mit 123 Abbildungen. Nr. 141.

Pflanzenphysiologie von Dr. Adolf Hansen, Prof. an der Universität Gießen. Mit 43 Abbild. Nr. 591.

Pflanzenreichs, Die Stämme des, von Privatdoz. Dr. Rob. Pilger, Kustos am Kgl. Botan. Garten in Berlin-Dahlem. Mit 22 Abb. Nr. 485.

Pflanzenwelt, Die, der Gewässer von Dr. W. Migula, Prof. a. d. Forstak. Eisenach. Mit 50 Abb. Nr. 158

Pflanzenzellenlehre. **Zellenlehre und Anatomie der Pflanzen** von Prof. Dr. H. Miehe in Leipzig. Mit 79 Abbildungen. Nr. 556.

Pharmakognosie. Von Apotheker F. Schmitthenner, Assist. a. Botan. Institut d. Techn. Hochschule Karlsruhe. Nr. 251.

Pharmazeutische Chemie von Privatdozent Dr. E. Mannheim in Bonn. 4 Bändchen. Nr. 543/44, 588, 682.

Philologie, Geschichte d. klassischen, v. Dr. Wilh. Kroll, ord. Prof. a. d. Univ. Münster in Westf. Nr. 367.

Philosophie, Einführung in die, von Dr. Max Wentscher, Professor an der Universität Bonn. Nr. 281.

Philosophie, Geschichte d., IV: Neuere Philosophie bis Kant von Dr. B. Bauch, Professor an der Universität Jena. Nr. 394.

— — **V: Immanuel Kant** von Dr. Bruno Bauch, Professor an d. Universität Jena. Nr. 536.

— **VI: Die Philosophie im ersten Drittel des 19. Jahrhunderts** von Arthur Drews, Prof. der Philosophie an der Techn. Hochschule in Karlsruhe. Nr. 571.

— **VII: Die Philosophie im zweiten Drittel des 19. Jahrhunderts** von Arthur Drews, Prof. der Philosophie an der Techn. Hochschule in Karlsruhe. Nr. 709.

— **Hauptprobleme der,** v. Dr. Georg Simmel, Professor an der Universität Berlin. Nr. 500.

— **Psychologie und Logik** zur Einf. in d. Philosophie von Prof. Dr. Th. Elsenhans. Mit 13 Fig. Nr. 14.

Photogrammetrie und Stereophotogrammetrie von Professor Dr. Hans Dock in Mähr.-Weißkirchen. Mit 59 Abbildgn. Nr. 699.

Photographie, Die. Von H. Keßler, Prof. an d. k. k. Graphischen Lehr- und Versuchsanstalt in Wien. Mit 3 Taf. und 42 Abbild. Nr. 94.

Physik, Theoretische, von Dr. Gustav Jäger, Prof. der Physik a. d. Techn. Hochschule i. Wien. I. Teil: Mechanik und Akustik. Mit 24 Abb. Nr. 76

— — II. Teil: Licht u. Wärme. Mit 47 Abbildungen. Nr. 77.

— — III. Teil: Elektrizität u. Magnetismus. Mit 33 Abb. Nr. 78.

— — IV. Teil: Elektromagnet. Lichttheorie und Elektronik. Mit 21 Fig. Nr. 374.

Physik, Geschichte, der, von Prof. A. Kistner in Wertheim a. M. I: Die Physik bis Newton. Mit 13 Fig. Nr. 293.

Physik, Geschichte, der, von Prof. A. Kistner in Wertheim a. M. II: Die Physik von Newton bis z. Gegenwart. Mit 3 Fig. Nr. 294.

Physikalisch-Chemische Rechenaufgaben von Prof. Dr. R. Abegg und Privatdozent Dr. O. Sackur, beide an der Univ. Breslau. Nr. 445.

Physikalische Aufgabensammlung von G. Mahler, Prof. der Mathematik u. Physik am Gymnasium in Ulm. Mit den Resultaten. Nr. 243.

— **Formelsammlung** von G. Mahler, Professor am Gymnasium in Ulm. Mit 65 Figuren. Nr. 136.

— **Messungsmethoden** von Dr Wilh. Bahrdt, Oberlehrer an der Oberrealschule in Groß-Lichterfelde. Mit 49 Figuren. Nr. 301.

— **Tabellen** v. Dr. A. Leick, Oberlehrer an der Comeniusschule zu Berlin-Schöneberg. Nr. 650.

Physiologische Chemie von Dr. med. A. Legahn in Berlin. I: Assimilation. Mit 2 Tafeln. Nr. 240.

— — II: Dissimilation. Mit 1 Taf. Nr. 241.

Physische Geographie von Dr. Siegm. Günther, Prof. an der Kgl. Techn. Hochschule in München. Mit 37 Abbildungen. Nr. 26.

Physische Meereskunde von Prof. Dr. Gerh. Schott, Abteilungsvorst. b. d. Deutsch. Seewarte in Hamburg. M. 39 Abb. im Text u. 8 Taf. Nr. 112.

Pilze, Die. Eine Einführung in die Kenntnis ihrer Formenreihen von Prof. Dr. G. Lindau in Berlin. Mit 10 Figurengruppen i. Text. Nr. 574.

Pionierdienst, Der, von Major Reichardt, Bataillonskomm. im Infant.-Regmt. „Kronprinz" (Nr. 4) in Chemnitz. Mit 150 Abb. Nr. 730.

Planetensystem. Astronomie (Größe, Bewegung u. Entfernung d. Himmelskörper) von A. F. Möbius, neu bearb. von Dr. Herm. Kobold, Prof. a. d. Univ. Kiel. I: Das Planetensystem. Mit 33 Abbild. Nr. 11.

Plankton, Das, des Meeres von Dr. G. Stiasny in Wien. Mit 83 Abbildungen. Nr. 675.

Plastik, Die, des Abendlandes von Dr. Hans Stegmann, Direktor des Bayer. Nationalmuseums in München. Mit 23 Tafeln. Nr. 116.

Plastik, Die, seit Beginn des 19. Jahrhunderts von A. Heilmeyer in München. Mit 41 Vollbildern. Nr. 321.

Plattdeutsche Mundarten von Dr. Hub. Grimme, Professor an der Universität Münster i. W. Nr. 461.

Poetik, Deutsche, v. Dr. K. Borinski, Prof. a. d. Univ. München. Nr. 40.

Polarlicht. Erdmagnetismus, Erdstrom u. Polarlicht von Dr. A. Nippoldt, Mitglied des Kgl. Preuß. Meteorolog. Instituts zu Potsdam. Mit 7 Taf. u. 16 Figuren. Nr. 175.

Polnische Geschichte von Dr. Clemens Brandenburger in Posen. Nr. 338.

Pommern. Landeskunde von Pommern von Dr. W. Deecke, Prof. an der Universität Freiburg i. B. Mit 10 Abb. und Karten im Text und 1 Karte in Lithographie. Nr. 575.

Portugiesische Geschichte v. Dr. Gustav Diercks in Berlin-Steglitz. Nr. 622.

Portugiesische Literaturgeschichte von Dr. Karl von Reinhardstoettner, Professor an der Kgl. Techn. Hochschule München. Nr. 213.

Posamentiererei Textil-Industrie II: Weberei, Wirkerei, Posamentiererei, Spitzen- und Gardinenfabrikation und Filzfabrikation v. Prof. Max Gürtler, Geh. Regierungsrat im Kgl. Landesgewerbeamt zu Berlin. Mit 29 Fig. Nr. 185.

Postrecht von Dr. Alfred Wolcke, Postinspektor in Bonn. Nr. 425.

Preßluftwerkzeuge, Die, von Diplom-Ing. P. Iltis, Oberlehrer an der Kais. Techn. Schule in Straßburg. Mit 82 Figuren. Nr. 493.

Preußische Geschichte. Brandenburgisch-Preußische Geschichte v. Prof. Dr. M. Thamm, Direktor d. Kaiser Wilhelms-Gymnasiums in Montabaur. Nr. 600.

Preußisches Staatsrecht von Dr. Fritz Stier-Somlo, Prof. an der Univ. Bonn. 2 Teile. Nr. 298, 299.

Psychiatrie, Forensische, von Professor Dr. W. Weygandt, Dir. der Irrenanstalt Friedrichsberg in Hamburg. 2 Bändchen. Nr. 410 und 411.

Psychologie und Logik zur Einführung in d. Philosophie v. Prof. Dr. Th. Elsenhans. Mit 13 Fig. Nr. 14.

Psychophysik, Grundriß der, v. Prof. Dr. G. F. Lipps in Zürich. Mit 3 Figuren. Nr. 98.

Pumpen, Druckwasser- und Druckluft-Anlagen. Ein kurzer Überblick von Dipl.-Ing. Rudolf Vogdt, Regierungsbaumeister a. D. in Aachen. Mit 87 Abbildungen. Nr. 290.

Quellenkunde d. deutschen Geschichte von Dr. Carl Jacob, Prof. an der Universität Tübingen. 1. Band. Nr. 279.

Radioaktivität von Dipl.-Ing. Wilh. Frommel. Mit 21 Abb. Nr. 317.

Rechnen, Das, in der Technik u. seine Hilfsmittel (Rechenschieber, Rechentafeln, Rechenmaschinen usw.) von Ing. Joh. Eug. Mayer in Freiburg i. Br. Mit 30 Abbild. Nr. 405.

— **Kaufmännisches,** von Professor Richard Just, Oberlehrer an der Öffentlichen Handelslehranstalt der Dresdener Kaufmannschaft. I. II. III. Nr. 139, 140, 187.

Recht des Bürgerlichen Gesetzbuchs. Erstes Buch: Allg. Teil. I: Einleitung — Lehre v. d. Personen u. v. d. Sachen v. Dr. P. Oertmann, Prof. a. d. Univ. Erlangen. Nr. 447.

— — II: Erwerb u. Verlust, Geltendmachung u. Schutz der Rechte von Dr. Paul Oertmann, Professor an der Universität Erlangen. Nr. 448.

— Zweites Buch: Schuldrecht. I. Abteilung: Allgemeine Lehren von Dr. Paul Oertmann, Professor an der Universität Erlangen. Nr. 323.

— — II Abt.: Die einzelnen Schuldverhältnisse v. Dr. Paul Oertmann, Prof. an der Universität Erlangen. Nr. 324.

— Drittes Buch: Sachenrecht von Dr. F. Kretzschmar, Oberlandesgerichtsrat in Dresden. I: Allgem. Lehren. Besitz und Eigentum. Nr. 480.

— — II: Begrenzte Rechte. Nr. 481.

— Viertes Buch: Familienrecht von Dr. Heinrich Titze, Professor an der Universität Göttingen. Nr. 305.

— Fünftes Buch: Erbrecht von Dr. Wilhelm von Blume, ord. Prof. der Rechte an der Universität Tübingen. I. Abteilung: Einleitung. — Die Grundlagen des Erbrechts. Nr 659.

— — II. Abteilung: Die Nachlaßbeteiligten. Mit 23 Figuren. Nr. 660.

Recht der Versicherungsunternehmungen, Das, von Regierungsrat a. D. Dr. jur. K. Leibl, erstem Direktor der Nürnberger Lebensversicherungsbank, früher Mitglied des Kaiserlichen Aufsichtsamts für Privatversicherung. Nr. 635.

Rechtsschutz, Der internationale gewerbliche, von J. Neuberg, Kaiserl. Regierungsrat, Mitglied d. Kaiserl. Patentamts zu Berlin. Nr. 271.

Rechtswissenschaft, Einführung in die, von Dr. Theodor Sternberg in Berlin. I: Methoden- und Quellenlehre. Nr. 169.

— — II: Das System. Nr. 170.

Redelehre, Deutsche, v. Hans Probst, Gymnasialprof. in Bamberg. Nr. 61.

Redeschrift siehe: Stenographie.

Reichsfinanzen, Die Entwicklung der, von Präsident Dr. R. van der Borght in Berlin. Nr. 427.

Religion, Die Entwicklung der christlichen, innerhalb des Neuen Testaments von Professor Dr. Lic. Carl Clemen. Nr. 388.

Religion, Die, des Judentums im Zeitalter des Hellenismus u. der Römerherrschaft von Lic. Dr. W. Staerk (Neutestamentliche Zeitgeschichte II.) Mit einer Planskizze. Nr. 326.

Religionen der Naturvölker, Die, von Dr. Th. Achelis, Professor in Bremen. Nr. 449.

Religionswissenschaft, Abriß der vergleichenden, von Professor Dr. Th. Achelis in Bremen. Nr. 208

Renaissance. Die Kultur der Renaissance. Gesittung, Forschung Dichtung v. Dr. Robert F. Arnold, Prof. an der Universität Wien Nr. 189.

Reptilien. Das Tierreich III: Reptilien und Amphibien. Von Dr. Franz Werner, Prof. a. d. Univers. Wien. Mit 48 Abb. Nr. 383.

Rheinprovinz, Landeskunde der, von Dr. V. Steinecke, Direktor d. Realgymnasiums in Essen. Mit 9 Abb., 3 Kärtchen und 1 Karte. Nr. 308.

Riechstoffe. Ätherische Öle u. d Riechstoffe von Dr F. Rochussen in Miltitz. Mit 9 Abb. Nr. 446.

Roman. Geschichte des deutschen Romans von Dr. Hellm. Mielke. Nr. 229.

Romanische Sprachwissenschaft von Dr. Adolf Zauner, Prof. a. d. Univ. Graz. 2 Bände. Nr. 128, 250.

Römische Altertumskunde von Dr. Leo Bloch in Wien. Mit 8 Vollbildern. Nr. 45.

Römische Geschichte von Realgymnasial-Direktor Dr. Jul. Koch in Grunewald. 2 Bdchn. (I: Königszeit und Republik. II: Die Kaiserzeit bis zum Untergang des Weströmischen Reiches.) Nr. 19 u. 677.

Römische Literaturgeschichte von Dr. Herm. Joachim in Hamburg. Nr. 52.

Römische und griechische Mythologie von Professor Dr. Hermann Steuding, Rektor des Gymnasiums in Schneeberg. Nr. 27.

Römische Rechtsgeschichte von Dr. Robert von Mayr, Prof. an der Deutschen Univers. Prag. 1. Buch: Die Zeit d. Volksrechtes. 1. Hälfte: Das öffentliche Recht. Nr. 577.

— — 2. Hälfte: Das Privatrecht. Nr. 578.

— 2. Buch: Die Zeit des Amts- und Verkehrsrechtes. 1. Hälfte: Das öffentliche Recht. Nr. 645.

— — 2. Hälfte: Das Privatrecht I Nr. 646.

— — 2. Hälfte: Das Privatrecht II. Nr. 647.

— 3. Buch: Die Zeit des Reichs- und Volksrechtes. Nr. 648.

— 4. Buch: Die Zeit der Orientalisierung des römischen Rechtes. Nr. 697.

Rußland. Russische Geschichte von Prof. Dr. W. Reeb, Oberlehrer am Neuen Gymnasium in Mainz. Nr. 4.

— **Landeskunde des Europäischen Rußlands nebst Finnlands** von Professor Dr. A. Philippson in Halle a. S. Nr. 359.

Russisch-deutsches Gesprächsbuch von Dr. Erich Berneker, Professor an der Universität München. Nr. 68.

Russische Grammatik von Dr. Erich Berneker, Professor an der Universität München. Nr. 66.

Russische Handelskorrespondenz von Dr. Theodor von Kawraysky in Leipzig. Nr. 315.

Russisches Lesebuch mit Glossar von Dr. Erich Berneker, Professor an der Universität München. Nr. 67.

Russische Literatur von Dr. Erich Boehme, Lektor a. d. Handelshochschule Berlin. I. Teil: Auswahl moderner Prosa u. Poesie mit ausführlichen Anmerkungen u. Akzentbezeichnung. Nr. 403.

— — II. Teil: Всеволодъ Гаршинъ, Разсказы. Mit Anmerkungen und Akzentbezeichnungen. Nr. 404.

Russische Literaturgeschichte von Dr. Georg Polonskij in München. Nr. 166.

Russisches Vokabelbuch, Kleines, von Dr. Erich Boehme, Lektor an der Handelshochschule Berlin. Nr. 475.

Russisches Wörterbuch. Deutsch-russisches kaufmännisches Wörterbuch von Michael Kulhánek in Dresden. Nr. 717.

Ruthenische Grammatik von Dr. Stephan von Smal-Stockyj, a. ö. Prof. an d. Univ. Czernowitz. Nr. 680.

Ruthenisch-deutsches Gesprächsbuch von Dr. Stephan von Smal-Stockyj, o. ö. Prof. an d. Univ. Czernowitz. Nr. 681.

Sachenrecht. Recht d. Bürgerl. Gesetzbuches. Drittes Buch: Sachenrecht von Dr. F. Kretzschmar, Oberlandesgerichtsrat i. Dresden. I: Allgemeine Lehren. Besitz u. Eigentum,

— — II: Begrenzte Rechte. Nr. 480. 481.

Sachs, Hans. Ausgewählt u. erläut. v. Prof. Dr. Julius Sahr. Nr. 24.

Sachsen. Sächsische Geschichte v. Prof. Otto Kaemmel, Rektor d. Nikolaigymnasiums zu Leipzig. Nr. 100.

— **Landeskunde des Königreichs Sachsen** v. Dr. J. Zemmrich, Oberlehrer am Realgymnas. in Plauen. Mit 12 Abb. u. 1 Karte. Nr. 258.

Säugetiere. Das Tierreich I: Säugetiere von Oberstudienrat Prof. Dr. Kurt Lampert, Vorsteher des Kgl. Naturalienkabinetts in Stuttgart. Mit 15 Abbildungen. Nr. 282.

Schaltapparate siehe: Elektrische Schaltapparate.

Schattenkonstruktionen von Professor J. Vonderlinn in Münster. Mit 114 Figuren. Nr. 236.

Schleswig-Holstein. Landeskunde von Schleswig-Holstein, Helgoland u. der freien und Hansestadt Hamburg von Dr. Paul Hambruch, Abteilungsvorsteher am Museum für Völkerkunde in Hamburg. Mit Abb., Plänen, Profilen und 1 Karte in Lithographie. Nr. 563.

Schiffs- und Küstenartillerie bis zur Gegenwart, Die Entwicklung der, von Korvettenkapitän Huning. Mit Abbild. und Tabellen. Nr. 606.

Schleusenbau. Kanal- u. Schleusenbau von Regierungsbaumeister Otto Rappold in Stuttgart. Mit 78 Abbildungen. Nr. 585.

Schmalspurbahnen (Klein-, Arbeits- u. Feldbahnen) v. Dipl.-Ing. Aug. Boshart in Nürnberg. Mit 99 Abbildungen. Nr. 524.

Schmarotzer und Schmarotzertum in der Tierwelt. Erste Einführung in die tierische Schmarotzerkunde von Dr. Franz v. Wagner, a. o. Prof. a. d. Univ. Graz. Mit 67 Abb. Nr. 151.

Schreiner-Arbeiten. Tischler- (Schreiner-) Arbeiten I: Materialien, Handwerkszeuge, Maschinen, Einzelverbindungen, Fußböden, Fenster, Fensterladen, Treppen, Aborte von Prof. E. Viehweger, Architekt in Köln. Mit 628 Fig. auf 75 Tafeln. Nr. 502.

Schuldrecht. Recht des Bürgerl. Gesetzbuches. Zweites Buch: Schuldrecht. I. Abteilung: Allgemeine Lehren von Dr. Paul Oertmann, Prof. a. d. Univ. Erlangen. Nr. 323.

— — II. Abteilung: Die einzelnen Schuldverhältnisse von Dr. Paul Oertmann, Professor a. d. Universität Erlangen. Nr. 324.

Schule, die deutsche, im Auslande von Hans Amrhein, Seminar-Oberlehrer in Rheydt. Nr. 259.

Schulhaus. Die Baukunst des Schulhauses von Prof. Dr.-Ing. Ernst Vetterlein in Darmstadt. I: Das Schulhaus. Mit 38 Abbild. II: Die Schulräume — Die Nebenanlagen. Mit 31 Abbild. Nr. 443 und 444.

Schulpraxis. Methodik der Volksschule von Dr. R. Seyfert, Seminardirektor in Zschopau. Nr. 50.

Schweiß- und Schneidverfahren, Das autogene, von Ingenieur Hans Niese in Kiel. Mit 30 Fig. Nr. 499.

Schweiz. Schweizerische Geschichte von Dr. K. Dändliker, Professor an der Universität Zürich. Nr. 188.

— **Landeskunde der Schweiz** von Prof. Dr. H. Walser in Bern. Mit 16 Abb. und 1 Karte. Nr. 398.

Schwimmanstalten. Öffentl. Bade- und Schwimmanstalten von Dr. Karl Wolff, Stadt-Oberbaurat in Hannover. Mit 50 Fig. Nr. 380.

Seemacht, Die, in der deutschen Geschichte von Wirkl. Admiralitätsrat Dr. Ernst von Halle, Professor an der Universität Berlin. Nr. 370.

Seerecht, Das deutsche, von Dr. Otto Brandis, Oberlandesgerichtsrat in Hamburg. I: Allgemeine Lehren: Personen und Sachen des Seerechts. Nr. 386.

— — II: Die einzelnen seerechtlichen Schuldverhältnisse: Verträge des Seerechts und außervertragliche Haftung. Nr. 387.

Seifenfabrikation, Die, die Seifenanalyse und d. Kerzenfabrikation v. Dr. Karl Braun in Berlin. (Die Fette u. Öle II.) Mit 25 Abbildgn. Nr. 336.

Semitische Sprachwissenschaft von Dr. C. Brockelmann, Professor an der Univers. Königsberg. Nr. 291.

Serbokroatische Grammatik von Dr. Vladimir Ćorović, Bibliothekar des bosn.-herzegow. Landesmuseums in Sarajevo (Bosnien). Nr. 638.

Serbokroatisches Lesebuch mit Glossar von Dr. Vladimir Ćorović, Bibliothekar des bosn.-herzegow. Landesmuseums i. Sarajevo (Bosn.). Nr. 639.

Serbokroatisch-deutsches Gesprächsbuch von Dr. Vladimir Ćorović, Bibliothekar des bosn.-herzegow. Landesmuseums i. Sarajevo (Bosn.). Nr. 640.

Silikate. Industrie der Silikate, der künstlichen Bausteine und des Mörtels von Dr. Gustav Rauter in Charlottenburg. I: Glas u. keramische Industrie. M. 12 Taf. Nr. 233.

— — II: Die Industrie der künstlichen Bausteine und des Mörtels. Mit 12 Tafeln. Nr. 234.

Simplicius Simplicissimus von Hans Jakob Christoffel v. Grimmelshausen. In Auswahl herausgeg. von Prof. Dr. F. Bobertag, Dozent an der Universität Breslau. Nr. 138.

Skandinavien, Landeskunde von, (Schweden, Norwegen u. Dänemark) von Heinrich Kerp, Kreisschulinspektor in Kreuzburg. Mit 11 Abb. und 1 Karte. Nr. 202.

Slavische Literaturgeschichte v. Dr. J. Karásek in Wien. I: Ältere Literat. bis zur Wiedergeburt. Nr. 277.

— — II: Das 19. Jahrh. Nr. 278.

Soziale Frage. Die Entwicklung der sozialen Frage von Professor Dr. Ferdin. Tönnies. Nr. 353.

Sozialversicherung von Prof. Dr. Alfred Manes in Berlin. Nr. 267.

Soziologie von Prof. Dr. Thomas Achelis in Bremen. Nr. 101.

Spalt- und Schleimpilze. Eine Einführung in ihre Kenntnis von Prof. Dr. Gustav Lindau, Kustos am Kgl. Botanischen Museum und Privatdozent der Botanik an der Univ. Berlin. Mit 11 Abb. Nr. 642.

Spanien. Spanische Geschichte von Dr. Gustav Diercks. Nr. 266.

— **Landeskunde der Iberischen Halbinsel** v. Dr. Fritz Regel, Prof. an der Univ. Würzburg. Mit 8 Kärtchen und 8 Abbild. im Text und 1 Karte in Farbendruck Nr. 235.

Spanische Handelskorrespondenz von Dr. Alfredo Nadal de Mariezcurrena. Nr. 295.

Spanische Literaturgeschichte v. Dr. Rud. Beer, Wien. I. II. Nr. 167, 168.

Speicher, Industrielle und gewerbliche Bauten (Speicher, Lagerhäuser u. Fabriken) v. Architekt Heinr. Salzmann in Düsseldorf II: Speicher u. Lagerhäuser. Mit 123 Fig. Nr. 512.

Spinnerei. Textilindustrie I: Spinnerei und Zwirnerei von Prof. Max Gürtler, Geh. Regierungsrat im Königl. Landesgewerbeamt zu Berlin. Mit 39 Figuren. Nr. 184.

Spitzenfabrikation. Textilindustrie II: Weberei, Wirkerei, Posamentiererei, Spitzen- und Gardinenfabrikat. u. Filzfabrikation von Prof. Max Gürtler, Geh. Regierungsrat im Kgl. Landesgewerbeamt zu Berlin. Mit 29 Fig. Nr. 185.

Sportanlagen von Dr. phil. u. Dr.-Ing. Eduard Schmitt in Darmstadt. I. Mit 78 Abbildungen. Nr. 684.

Spruchdichtung. Walther von der Vogelweide mit Auswahl aus Minnesang und Spruchdichtung. Mit Anmerkgn. u. einem Wörterbuch v. Otto Güntter, Prof. a. d. Oberrealschule u. an der Technischen Hochschule in Stuttgart. Nr. 23.

Staatslehre, Allgemeine, von Dr. Hermann Rehm, Prof. a. d. Universität Straßburg i. E. Nr. 358.

Staatsrecht, Allgemeines, von Dr. Julius Hatschek, Prof. d. Rechte an der Universität Göttingen. 3 Bändchen. Nr. 415—417.

Staatsrecht, Preußisches, von Dr. Fritz Stier-Somlo, Prof. a. d. Universität Bonn. 2 Teile. Nr. 298, 299.

Stadtstraßenbau von Dr.-Ing. Georg Klose in Berlin. Mit 50 Abb. Nr. 710.

Stammeskunde, Deutsche, von Dr. Rudolf Much, a. o. Prof. a. d. Univ. Wien. M. 2 Kart. u. 2 Taf. Nr. 126.

Statik von W. Hauber, Dipl.-Ing. I. Teil: **Die Grundlehren der Statik starrer Körper.** Mit 82 Fig. Nr. 178.

— — **II. Teil: Angewandte Statik.** Mit 61 Figuren. Nr. 179.

— **Graphische,** mit besond. Berücksichtig. der Einflußlinien von Kgl. Oberlehrer Dipl.-Ing. Otto Henkel in Rendsburg. 2 Teile. Mit 207 Fig. Nr. 603, 695.

Steinhauerarbeiten. **Maurer- und Steinhauerarbeiten** von Prof. Dr. phil. und Dr.-Ing. Eduard Schmitt in Darmstadt. 3 Bändchen. Mit vielen Abbildungen. Nr. 419—421.

Stellwerke. Die Kraftstellwerke der Eisenbahnen von S. Scheibner, Kgl. Oberbaurat a. D. in Berlin. 2 Bändchen. Mit 72 Abbild. Nr. 689/90.

— **Die mechanischen Stellwerke der Eisenbahnen** von S. Scheibner, Kgl. Oberbaurat a. D. in Berlin. 2 Bändchen. Mit 79 Abbild. Nr. 674 u. 688.

Stenographie. Geschichte der Stenographie von Dr. Arthur Mentz in Königsberg i. Pr. Nr. 501.

Stenographie n. d. System v. F. X. Gabelsberger von Dr. Albert Schramm, Landesamtsassessor in Dresden. Nr. 246.

— **Die Redeschrift des Gabelsbergerschen Systems** von Dr. Albert Schramm, Landesamtsassessor in Dresden. Nr. 368.

Stenographie. Lehrbuch d. Vereinfachten Deutschen Stenographie (Einig.-System Stolze-Schrey) nebst Schlüssel, Lesestücken u. einem Anhang von Professor Dr. Amsel, Oberlehrer des Kadettenkorps in Lichterfelde. Nr. 86.

Stenographie. Redeschrift. Lehrbuch d. Redeschrift d. Syst. Stolze-Schrey nebst Kürzungsbeisp., Lesestücken, Schlüssel und einer Anleitung zur Steigerung der stenographischen Fertigkeit von Heinrich Dröse, amtl. bad. Landtagsstenograph in Karlsruhe (B.). Nr. 494.

Stereochemie von Dr. E. Wedekind. Prof. an der Universität Tübingen. Mit 34 Abbildungen. Nr. 201.

Stereometrie von Dr. R. Glaser in Stuttgart. Mit 66 Figuren. Nr. 97.

Sternsystem. Astronomie. Größe, Bewegung u. Entfernung d. Himmelskörper v. A. F. Möbius, neu bearb. v. Dr. Herm. Kobold, Prof. a. d. Univers. Kiel. **II:** Kometen, Meteore u. das Sternsystem. Mit 15 Fig. u. 2 Sternkarten. Nr. 529.

Steuersysteme des Auslandes, Die, v. Geh. Oberfinanzrat O. Schwarz in Berlin. Nr. 426.

Stilkunde v. Prof. Karl Otto Hartmann in Stuttgart. Mit 7 Vollbild. u. 195 Textillustrationen. Nr. 80.

Stöchiometrische Aufgabensammlung von Dr. Wilh. Bahrdt, Oberl. an d. Oberrealschule in Groß-Lichterfelde. Mit den Resultaten. Nr. 452.

Straßenbahnen von Dipl.-Ing. Aug. Boshart in Nürnberg. Mit 72 Abbildungen. Nr. 559.

Strategie von Löffler, Major im Kgl. Sächs. Kriegsmin. i. Dresd. Nr. 505.

Ströme und Spannungen in Starkstromnetzen v. Jos. Herzog, Dipl.-Elektroing. in Budapest u. Clarence Feldmann, Prof. d. Elektotechnik in Delft. Mit 68 Abb. Nr. 456.

Südamerika. Geschichte Südamerikas von Dr. Hermann Lufft **I:** Das spanische Südamerika (Chile, Argentinien und die kleineren Staaten). Nr. 632.

— — **II:** Das portugiesische Südamerika (Brasilien). Nr. 672.

Südseegebiet. Die deutschen Kolonien II: Das Südseegebiet und Kiautschou v. Prof. Dr. K. Dove. M. 16 Taf. u. 1 lith. Karte. Nr. 520.

Talmud. Die Entstehung des Talmuds von Dr. S. Funk in Boskowitz. Nr. 479.

Talmudproben von Dr. S. Funk in Boskowitz. Nr. 583.

Technisch-Chemische Analyse von Dr. G. Lunge, Prof. a. d. Eidgenöss. Polytechn. Schule in Zürich. Mit 16 Abbildungen. Nr. 195.

Technisch-chemische Rechnungen v. Chem. H. Deegener. Mit 4 Fig. Nr. 701.

Technische Tabellen und Formeln von Dr.-Ing. W. Müller, Dipl.-Ing. am Kgl. Materialprüfungsamt zu Groß-Lichterfelde. Mit 106 Figuren. Nr. 579.

Technisches Wörterbuch, enthaltend die wichtigsten Ausdrücke d. Maschinenbaues, Schiffbaues u. d. Elektrotechnik von Erich Krebs in Berlin. I. Teil: Dtsch.-Engl. Nr. 395.

— — II. Teil: Engl.-Dtsch. Nr. 396.

— — III. Teil: Dtsch.-Franz. Nr. 453.

— — IV. Teil: Franz.-Dtsch. Nr. 454.

Technologie, Allg. chemisch. v. Dr. Gust. Rauter in Charlottenburg. Nr. 113.

— **Mechanische**, v. Geh. Hofrat Prof. A. Lüdicke in Braunschweig. 2 Bde. Nr. 340, 341.

Teerfarbstoffe, Die, mit bes. Berücksichtig. der synthetisch. Methoden v. Dr. Hans Bucherer, Prof. a. d. Kgl. Techn. Hochschule, Dresd. Nr. 214.

Telegraphenrecht v. Postinspektor Dr. jur. Alfred Wolcke in Bonn. I: Einleitung. Geschichtliche Entwicklung. Die Stellung d. deutsch. Telegraphenwesens im öffentl. Rechte, allgemeiner Teil. Nr. 509.

— — II: Die Stellung d. deutsch. Telegraphenwesens im öffentl. Rechte, besonderer Teil. Das Telegraphen-Strafrecht. Rechtsverhältnis d. Telegraphie z. Publikum. Nr. 510.

Telegraphie, Die elektrische, v. Dr. Lud. Rellstab. Mit 19 Fig. Nr. 172.

Testament. Die Entstehung des Alten Testaments v. Lic. Dr. W. Staerk, Prof. a. d. Univ. Jena. Nr. 272.

— — **Die Entstehung des Neuen Testaments** v. Prof Lic. Dr. Carl Clemen in Bonn. Nr. 285.

Textilindustrie. I: Spinnerei und Zwirnerei v. Prof Max Gürtler, Geh. Reg.-Rat im Kgl. Landesgewerbeamt, Berlin. M. 9 Fig. Nr. 184.

— **II: Weberei, Wirkerei, Posamentiererei, Spitzen- und Gardinenfabrikation und Filzfabrikation** v. Prof. M. Gürtler, Geh. Regierungsrat i. Kgl. Landesgewerbeamt zu Berlin. M. 29 Fig. Nr. 185.

Textilindustrie. III: Wäscherei, Bleicherei, Färberei und ihre Hilfsstoffe v. Dr. Wilh. Massot, Prof. a. d. Preuß. höh. Fachschule f. Textilindustr. i. Krefeld. M. 28 Fig. Nr. 186.

Textiltechnische Untersuchungsmethoden von Dr. Wilhelm Massot, Professor an der Färberei- u. Appreturschule Krefeld. I: Die Mikroskopie der Textilmaterialien. Mit 92 Figuren. Nr. 678.

Thermodynamik (Technische Wärmelehre) v. K. Walther u. M. Röttinger, Dipl.-Ing. M. 54 Fig. Nr. 242.

Thermodynamik (Technische Wärmelehre). **Die thermodynamischen Grundlagen der Wärmekraft- und Kältemaschinen** von M. Röttinger, Dipl.-Ing. in Mannheim. Nr. 2.

Thüringische Geschichte v. Dr. Ernst Devrient in Leipzig. Nr. 352.

Tierbiologie. Abriß der Biologie der Tiere v. Dr. Heinrich Simroth, Prof. a. d. Univ. Leipzig. I: Entstehung u. Weiterbildung der Tierwelt. — Beziehungen zur organ. Natur. Mit 34 Abbild. Nr. 131.

— — II: Beziehungen der Tiere zur organischen Natur. Mit 35 Abbild. Nr. 654.

Tiere, Entwicklungsgeschichte der, von Dr. Johs. Meisenheimer, Prof. der Zoologie a. d. Universität Jena. I: Furchung, Primitivanlagen, Larven, Formbildung, Embryonalhüllen. Mit 48 Fig. Nr. 378.

— — II: Organbildung. Mit 46 Figuren. Nr. 379.

Tiergeographie v. Dr. Arnold Jacobi, Professor der Zoologie a. d. Kgl. Forstakademie zu Tharandt. Mit 2 Karten. Nr. 218.

Tierkunde von Dr. Franz v. Wagner, Prof. a. d. Universität Graz. Mit 78 Abbildungen. Nr. 60.

Tierreich, Das, I: Säugetiere v. Oberstudienr. Prof. Dr. Kurt Lampert, Vorst. d. Kgl. Naturalienkabinetts in Stuttgart. M. 15 Abb. Nr. 282.

— **III: Reptilien und Amphibien** von Dr. Franz Werner, Prof. a. d. Univ. Wien. Mit 48 Abb. Nr. 383.

— **IV: Fische** von Prof. Dr. Max Rauther in Neapel. Nr. 356.

— **V: Insekten** von Dr. J. Groß in Neapel (Stazione Zoologica). Mit 56 Abbildungen. Nr. 594.

Tierreich, Das, VI: Die wirbellosen Tiere von Dr. Ludw. Böhmig, Prof. d. Zool. a. d. Univ. Graz. I: Urtiere, Schwämme, Nesseltiere, Rippenquallen und Würmer. Mit 74 Fig. Nr. 439.

— — II: Krebse, Spinnentiere, Tausendfüßer, Weichtiere, Moostierchen, Armfüßer, Stachelhäuter und Manteltiere. M. 97 Fig. Nr. 440.

Tierzuchtlehre, Allgemeine und spezielle, von Dr. Paul Rippert in Essen. Nr. 228.

Tischler- (Schreiner-) Arbeiten I: Materialien, Handwerkszeuge, Maschinen, Einzelverbindungen, Fußböden, Fenster, Fensterladen, Treppen, Aborte von Prof. E. Viehweger, Architekt in Köln. Mit 628 Figuren auf 75 Tafeln. Nr. 502.

Togo. Die deutschen Kolonien I: Togo und Kamerun von Prof. Dr. Karl Dove. Mit 16 Tafeln und einer lithographischen Karte. Nr. 441.

Toxikologische Chemie von Privatdozent Dr. E. Mannheim in Bonn. Mit 6 Abbildungen. Nr. 465.

Trigonometrie, Ebene und sphärische, von Prof. Dr. Gerh. Hessenberg in Breslau. Mit 70 Fig. Nr. 99.

Tropenhygiene v. Medizinalrat Prof. Dr. Nocht, Direktor des Instituts für Schiffs- und Tropenkrankheiten in Hamburg. Nr. 369.

Trust. Kartell und Trust von Dr. S. Tschierschky in Düsseldorf. Nr. 522.

Tschechisch-deutsches Gesprächsbuch v. Dr. Emil Smetánka, ao. Prof. an der böhm. Univ. Prag. Nr. 722.

Tschechische Grammatik von Dr. Emil Smetánka, ao. Prof. an der böhm. Univ. Prag. Nr. 721.

Tschechisches Lesebuch mit Glossar von Dr. Emil Smetánka, ao. Prof. an der böhm. Univ. Prag. Nr. 723.

Turnen, Das deutsche, v. Dr. Rudolf Gasch, Prof. a. König Georg-Gymn. in Dresden. Mit 87 Abb. Nr. 628.

Turnkunst, Geschichte der, von Dr. Rudolf Gasch, Prof. a. König Georg-Gymnasium in Dresden. Mit 17 Abbildungen. Nr. 504.

Ungarn. Landeskunde von Österreich-Ungarn von Dr. Alfred Grund, Prof an der Universität Prag. Mit 10 Textillustr. u. 1 Karte. Nr. 244.

Ungarisch-deutsches Gesprächsbuch von Dr. Wilhelm Tolnai, Prof. an der staatlich. Bürgerschullehrerinnen-Bildungsanst. in Budapest. Nr. 739.

Ungarische Literatur, Geschichte der, von Prof. Dr. Ludwig Katona und Dr. Franz Szinnyei, beide an der Universität Budapest. Nr. 550.

Ungarische Sprachlehre v. Dr. Josef Szinnyei, o. ö. Prof. an der Universität Budapest. Nr. 595.

Ungarisches Lesebuch mit Glossar von Dr. Wilhelm Tolnai, Professor an der staatlichen Bürgerschullehrerinnen-Bildungsanstalt in Budapest. Nr. 694.

Unterrichtswesen. Geschichte d. deutschen Unterrichtswesens von Prof. Dr. Friedrich Seiler, Direktor des Kgl. Gymnasiums zu Luckau. I. Teil: Von Anfang an bis zum Ende d. 18. Jahrh. Nr. 275.

— — II. Teil: Vom Beginn des 19. Jahrhunderts bis auf die Gegenwart. Nr. 276.

— **Das höhere und mittlere Unterrichtswesen in Deutschland** von Schulrat Prof. Dr. Jakob Wychgram in Lübeck. Nr. 644.

Untersuchungsmethoden, Agrikulturchemische, von Professor Dr. Emil Haselhoff, Vorsteher der landwirtschaftlichen Versuchsstation in Marburg in Hessen. Nr. 470.

Urgeschichte der Menschheit von Dr. Moritz Hoernes, Professor an der Univ. Wien. Mit 85 Abb. Nr. 42.

Urheberrecht, Das, an Werken der Literatur und der Tonkunst, das Verlagsrecht und das Urheberrecht an Werken d. bildenden Künste u. Photographie v. Staatsanw. Dr. J. Schlittgen in Chemnitz. Nr. 361.

Urheberrecht, Das deutsche, an literarischen, künstlerischen u. gewerbl. Schöpfungen, mit besonderer Berücksichtigung der internationalen Verträge von Dr. Gustav Rauter, Patentanwalt in Charlottenburg Nr. 263.

Urzeit. Kultur der Urzeit von Dr. Moritz Hoernes, o. ö. Prof. an der Univ. Wien. 3 Bändch. I: Steinzeit. Mit 40 Bildergrupp. Nr. 564.

— — II: Bronzezeit. Mit 36 Bildergruppen. Nr. 565.

— — III: Eisenzeit. Mit 35 Bildergruppen. Nr. 566.

Vektoranalysis von Dr. Siegfr. Valentiner, Prof. an der Bergakademie in Clausthal. Mit 16 Fig. Nr. 354.

Venezuela. Die Cordillerenstaaten von Dr Wilhelm Sievers, Prof. an der Universität Gießen II: Ecuador. Colombia u. Venezuela. Mit 16 Taf. u. 1 lithogr. Karte. Nr. 653.

Veranschlagen, Das, im Hochbau. Kurzgefaßtes Handbuch üb. d. Wesen d. Kostenanschlags v. Architekt Emil Beutinger, Assistent an der Technischen Hochschule in Darmstadt. Mit vielen Fig. Nr. 385.

Vereinigte Staaten. Landeskunde der Vereinigten Staaten von Nordamerika von Professor Heinrich Fischer, Oberlehrer am Luisenstädt. Realgymnasium in Berlin. I. Teil: Mit 22 Karten und Figuren im Text und 14 Tafeln. Nr. 381.

— — **II.** Teil: Mit 3 Karten im Text, 17 Tafeln u. 1 lith. Karte. Nr. 382.

Vergil. Die Gedichte des P. Vergilius Maro. In Auswahl mit einer Einleitung u. Anmerkungen herausgeg. von Dr. Julius Ziehen. I: Einleitung und Aeneis. Nr. 497.

Vermessungskunde von Dipl.-Ing. P. Werkmeister, Oberlehrer an der Kais. Techn. Schule in Straßburg i. E. I: Feldmessen und Nivellieren. Mit 146 Abb. Nr. 468.

— — II: Der Theodolit. Trigonometrische u. barometr. Höhenmessung. Tachymetrie. Mit 109 Abbildungen. Nr. 469.

Versicherungsmathematik von Dr. Alfred Loewy, Professor an der Universität Freiburg i. B. Nr. 180.

Versicherungswesen, Das, von Dr. iur. Paul Moldenhauer, Professor der Versicherungswissenschaft an der Handelshochschule Köln. I: Allgemeine Versicherungslehre. Nr. 262.

— — II: Die einzelnen Versicherungszweige. Nr. 636.

Versicherungswesen, Technik des, von Dr. Hans Hilbert in Berlin. Nr. 741.

Völkerkunde v. Dr. Michael Haberlandt, k. u. k. Kustos d. ethnogr. Sammlung d. naturhist. Hofmuseums u. Privatdozent a. d. Univ. Wien. Mit 56 Abbild. Nr. 73.

Völkernamen. Länder- u. Völkernamen von Dr. Rudolf Kleinpaul in Leipzig. Nr. 478.

Volksbibliotheken (Bücher- u. Lesehallen), ihre Einrichtung u. Verwaltung v. Emil Jaeschke, Stadtbibliothekar in Elberfeld. Nr. 332.

Volkslied, Das deutsche, ausgewählt und erläutert von Prof. Dr. Jul. Sahr. 2 Bändchen. Nr. 25, 132.

Volkswirtschaftslehre von Dr. Carl Johs. Fuchs, Professor an der Universität Tübingen. Nr. 133.

Volkswirtschaftspolitik v. Präsident Dr. R. van d. Borght, Berlin. Nr. 177.

Waffen, Die blanken, und die Schutzwaffen, ihre Entwicklung von der Zeit der Landsknechte bis zur Gegenwart m. besonderer Berücksichtigung der Waffen in Deutschland, Österreich-Ungarn und Frankreich von W. Gohlke, Feuerwerks-Major a. D. in Berlin-Steglitz. Mit 115 Abbildungen. Nr. 631.

Wahrscheinlichkeitsrechnung von Dr. F. Hack, Prof. a. Eberh.-Ludw.-Gymn. in Stuttgart. M. 15 Fig. Nr. 508.

Waldeck. Landeskunde des Großherzogtums Hessen, der Provinz Hessen-Nassau und des Fürstentums Waldeck von Professor Dr. Georg Greim in Darmstadt. Mit 13 Abbildungen und 1 Karte. Nr. 376.

Waltharilied, Das, im Versmaße der Urschrift übersetzt u. erläutert von Prof. Dr. H. Althof, Oberlehrer am Realgymnas. in Weimar. Nr. 46.

Walther von der Vogelweide, mit Auswahl a. Minnesang u. Spruchdichtung. Mit Anmerkgn. u. einem Wörterbuch v. Otto Güntter, Prof. a. d. Oberrealschule und an der Techn. Hochsch. in Stuttgart. Nr. 23.

Walzwerke. Die, Einrichtung und Betrieb. Von Dipl.-Ing. A. Holverscheid, Oberlehrer a. d. Kgl. Maschinenbau- u. Hüttenschule in Duisburg. Mit 151 Abbild. Nr. 580.

Warenhäuser. Geschäfts- u. Warenhäuser v. H. Schliepmann, Kgl Baur. i. Berlin. I: Vom Laden zum „Grand Magasin". Mit 23 Abb. Nr. 655.

— — II: Die weitere Entwickelung der Kaufhäuser. Mit 39 Abb. Nr. 656.

Warenkunde von Dr. Karl Hassack, Prof. u. Leiter der k. k. Handelsakademie in Graz. I. Teil: Unorganische Waren. M. 40 Abb. Nr. 222.

— — **II. Teil: Organische Waren. Mit 36 Abbildungen. Nr. 223.**

Warenzeichenrecht, Das. Nach dem Gesetz z. Schutz d. Warenbezeichnungen v. 12. Mai 1894. Von Reg.-Rat J. Neuberg, Mitglied des Kais. Patentamts zu Berlin. Nr. 360.

Wärme. Theoretische Physik II. T.: Licht u. Wärme. Von Dr. Gustav Jäger, Prof. a. d. Techn. Hochschule Wien. Mit 47 Abbildgn. Nr. 77.

Wärmekraftmaschinen. Die thermodynamischen Grundlagen der Wärmekraft- u. Kältemaschinen von M. Röttinger, Diplom-Ing. in Mannheim. Mit 73 Fig. Nr. 2.

Wärmelehre, Technische, (Thermodynamik) v. K. Walther u. M. Röttinger, Dipl.-Ing. Mit 54 Fig. Nr. 242

Wäscherei. Textilindustrie III: Wäscherei, Bleicherei, Färberei und ihre Hilfsstoffe von Dr. Wilh. Massot, Prof. an der Preuß. höh. Fachschule für Textilindustrie in Krefeld. Mit 28 Figuren. Nr. 186.

Wasser, Das, und seine Verwendung in Industrie und Gewerbe v. Dr. Ernst Leher, Dipl.-Ing. in Saalfeld. Mit 15 Abbildungen. Nr. 261.

Wasser und Abwässer. Ihre Zusammensetzung, Beurteilung u. Untersuchung v. Prof. Dr. Emil Haselhoff, Vorst. d. landwirtsch. Versuchsstation in Marburg in Hessen. Nr. 473.

Wasserinstallationen. Gas- und Wasserinstallationen mit Einschluß der Abortanlagen v. Prof. Dr. phil. u. Dr.-Ing. Eduard Schmitt in Darmstadt. Mit 119 Abbild. Nr. 412.

Wasserkraftanlagen von Th. Rümelin, Regierungsbaumeister a. D., Oberingenieur in Dresden. I: Beschreibung. Mit 66 Figuren. Nr. 665.

— — II: Gewinnung der Wasserkraft. Mit 35 Figuren. Nr. 666.

— — III: Bau und Betrieb. Mit 56 Figuren. Nr. 667.

Wasserturbinen, Die, von Dipl.-Ing. P. Holl in Berlin. I: Allgemeines. Die Freistrahlturbinen. Mit 113 Abbildungen. Nr. 541.

— — II: Die Überdruckturbinen. Die Wasserkraftanlagen. Mit 102 Abbild. Nr. 542.

Wasserversorgung der Ortschaften v. Dr.-Ing. Robert Weyrauch, Prof. an der Kgl. Technischen Hochschule Stuttgart. Mit 85 Fig. Nr. 5.

Weberei. Textilindustrie II: Weberei, Wirkerei, Posamentiererei, Spitzen- u. Gardinenfabrikation und Filzfabrikation von Prof. Max Gürtler, Geh. Regierungsrat im Königl. Landesgewerbeamt zu Berlin. Mit 29 Figuren. Nr. 185.

Wechselstromerzeuger von Ing. Karl Pichelmayer, Prof. an der k. k. Technischen Hochschule in Wien. Mit 40 Figuren. Nr. 547.

Wechselwesen, Das, v. Rechtsanw. Dr. Rudolf Mothes in Leipzig. Nr. 103.

Wehrverfassung, Deutsche, von Geh. Kriegsrat Karl Endres, vortr. Rat i. Kriegsminist. i. München. Nr. 401.

Werkzeugmaschinen für Holzbearbeitung, Die, von Ing. Professor Hermann Wilda in Bremen. Mit 125 Abbildungen. Nr. 582.

Werkzeugmaschinen für Metallbearbeitung, Die, von Ing. Prof. Hermann Wilda in Bremen. I: Die Mechanismen der Werkzeugmaschinen. Die Drehbänke. Die Fräsmaschinen. Mit 319 Abb. Nr. 561.

— — II: Die Bohr- und Schleifmaschinen. Die Hobel-, Shaping- u. Stoßmaschinen. Die Sägen u. Scheren. Antrieb u. Kraftbedarf. Mit 206 Abbild. Nr. 562.

Westpreußen. Landeskunde der Provinz Westpreußen von Fritz Braun, Oberlehrer am Kgl. Gymnasium in Graudenz. Mit 16 Tafeln, 7 Textkarten u. 1 lith. Karte. Nr. 570.

Wettbewerb, Der unlautere, von Rechtsanwalt Dr. Martin Wassermann in Hamburg. I: Generalklausel, Reklameauswüchse, Ausverkaufswesen, Angestelltenbestechung. Nr. 339.

— — II: Kreditschädigung, Firmen- und Namenmißbrauch, Verrat von Geheimnissen, Ausländerschutz. Nr. 535.

Wirbellose Tiere. Das Tierreich VI: Die wirbellosen Tiere von Dr. Ludwig Böhmig, Prof. d. Zoologei an der Univ. Graz. I: Urtiere, Schwämme, Nesseltiere, Rippenquallen u. Würmer. Mit 74 Fig. Nr. 439.

— — II: Krebse, Spinnentiere, Tausendfüßer, Weichtiere, Moostierchen, Armfüßer, Stachelhäuter u. Manteltiere. Mit 97 Fig. Nr. 440.

Wirkerei. Textilindustrie II: Weberei, Wirkerei, Posamentiererei, Spitzen- u. Gardinenfabrikation und Filzfabrikation von Prof. Max Gürtler, Geh. Regierungsrat im Königl. Landesgewerbeamt zu Berlin. Mit 29 Figuren. Nr. 185

Wirtschaftlichen Verbände, Die, von Dr. Leo Müffelmann in Rostock. Nr. 586.

Wirtschaftspflege. Kommunale Wirtschaftspflege von Dr. Alfons Rieß, Magistratsass. in Berlin. Nr. 534.

Wohnungsfrage, Die, v. Dr. L. Pohle, Prof. der Staatswissenschaften zu Frankfurt a. M. I: Das Wohnungswesen i. d. modern. Stadt. Nr. 495.

— — II: Die städtische Wohnungs- und Bodenpolitik. Nr. 496

Wolfram von Eschenbach. Hartmann v. Aue, Wolfram v. Eschenbach und Gottfried von Straßburg. Auswahl aus dem höf. Epos m. Anmerkungen u. Wörterbuch v. Dr K. Marold, Prof. am Kgl. Friedrichskolleg. zu Königsberg i. Pr. Nr. 22.

Wörterbuch nach der neuen deutschen Rechtschreibung von Dr. Heinrich Klenz. Nr. 200.

— **Deutsches,** von Dr. Richard Loewe in Berlin. Nr. 64.

— **Technisches,** enthaltend die wichtigsten Ausdrücke des Maschinenbaues, Schiffbaues und der Elektrotechnik von Erich Krebs in Berlin. I. Teil: Deutsch-Englisch. Nr. 395.

— — II. Teil: Engl.-Dtsch. Nr. 396.

— — III. Teil: Dtsch.-Franz. Nr. 453.

— — IV. Teil: Franz.-Dtsch. Nr. 454.

Württemberg. Württembergische Geschichte v. Dr. Karl Weller, Prof. am Karlsgymnasium in Stuttgart. Nr. 462.

Württemberg. Landeskunde des Königreichs Württemberg von Dr. K. Hassert, Prof. d. Geographie a. d. Handelshochschule in Köln. Mit 16 Vollbildern u. 1 Karte. Nr. 157.

Zeichenschule von Prof. K. Kimmich in Ulm. Mit 18 Tafeln in Ton-, Farben- und Golddruck und 200 Voll- und Textbildern. Nr. 39.

Zeichnen, Geometrisches, von H. Becker, Architekt und Lehrer an der Baugewerkschule in Magdeburg, neu bearbeitet von Prof. J. Vonderlinn, Direktor der königl. Baugewerkschule zu Münster. Mit 290 Fig. u. 23 Taf. im Text. Nr. 58.

Zeitungswesen, Das deutsche, von Dr. R. Brunhuber, Köln a. Rh. Nr. 400.

Zeitungswesen, Das moderne, (Syst. d. Zeitungslehre) von Dr. Robert Brunhuber in Köln a. Rh. Nr. 320.

Zeitungswesen, Allgemeine Geschichte des, von Dr. Ludwig Salomon in Jena. Nr. 351.

Zellenlehre und Anatomie der Pflanzen von Prof. Dr. H. Miehe in Leipzig. Mit 79 Abbild. Nr. 556.

Zentral-Perspektive von Architekt Hans Freyberger, neu bearbeitet von Professor J. Vonderlinn, Direktor der Königl. Baugewerkschule in Münster i. Westf. Mit 132 Fig. Nr. 57.

Zimmerarbeiten von Carl Opitz, Oberlehrer an der Kais. Techn. Schule in Straßburg i. E. I: Allgemeines, Balkenlagen, Zwischendecken und Deckenbildungen, hölz. Fußböden, Fachwerkswände, Hänge- und Sprengwerke. Mit 169 Abbildungen. Nr. 489.

— — II: Dächer, Wandbekleidungen, Simsschalungen, Block-, Bohlen- und Bretterwände, Zäune, Türen. Tore, Tribünen und Baugerüste, Mit 167 Abbildungen. Nr. 490.

Zivilprozeßrecht, Deutsches, von Prof. Dr. Wilhelm Kisch in Straßburg i. E. 3 Bände. Nr. 428—430.

Zoologie, Geschichte der, von Prof. Dr. Rud. Burckhardt. Nr. 357.

Zündwaren von Direktor Dr. Alfons Bujard, Vorst. des Städt. Chem. Laboratoriums Stuttgart. Nr. 109.

Zwangsversteigerung, Die, und die Zwangsverwaltung von Dr. F. Kretzschmar, Oberlandesgerichtsrat in Dresden. Nr. 523.

Zwirnerei. Textilindustrie I: Spinnerei und Zwirnerei von Prof. Max Gürtler, Geh. Regierungsrat im Königlichen Landesgewerbeamt zu Berlin. Mit 39 Fig. Nr. 184.

Weitere Bände sind in Vorbereitung

FSC
www.fsc.org
MIX
Papier | Fördert gute Waldnutzung
FSC® C083411

Kolibri 360 GmbH
Ferdinand-Jühlke-Straße 7
99095 Erfurt, Deutschland
produktsicherheit@kolibri360.de